Alexandru Ţiclea

Techniques d'immersion pour l'estimation non linéaire

Alexandru Ţiclea

Techniques d'immersion pour l'estimation non linéaire

Applications aux systèmes de puissance

Presses Académiques Francophones

Impressum / Mentions légales
Bibliografische Information der Deutschen Nationalbibliothek: Die Deutsche Nationalbibliothek verzeichnet diese Publikation in der Deutschen Nationalbibliografie; detaillierte bibliografische Daten sind im Internet über http://dnb.d-nb.de abrufbar.
Alle in diesem Buch genannten Marken und Produktnamen unterliegen warenzeichen-, marken- oder patentrechtlichem Schutz bzw. sind Warenzeichen oder eingetragene Warenzeichen der jeweiligen Inhaber. Die Wiedergabe von Marken, Produktnamen, Gebrauchsnamen, Handelsnamen, Warenbezeichnungen u.s.w. in diesem Werk berechtigt auch ohne besondere Kennzeichnung nicht zu der Annahme, dass solche Namen im Sinne der Warenzeichen- und Markenschutzgesetzgebung als frei zu betrachten wären und daher von jedermann benutzt werden dürften.

Information bibliographique publiée par la Deutsche Nationalbibliothek: La Deutsche Nationalbibliothek inscrit cette publication à la Deutsche Nationalbibliografie; des données bibliographiques détaillées sont disponibles sur internet à l'adresse http://dnb.d-nb.de.
Toutes marques et noms de produits mentionnés dans ce livre demeurent sous la protection des marques, des marques déposées et des brevets, et sont des marques ou des marques déposées de leurs détenteurs respectifs. L'utilisation des marques, noms de produits, noms communs, noms commerciaux, descriptions de produits, etc, même sans qu'ils soient mentionnés de façon particulière dans ce livre ne signifie en aucune façon que ces noms peuvent être utilisés sans restriction à l'égard de la législation pour la protection des marques et des marques déposées et pourraient donc être utilisés par quiconque.

Coverbild / Photo de couverture: www.ingimage.com

Verlag / Editeur:
Presses Académiques Francophones
ist ein Imprint der / est une marque déposée de
OmniScriptum GmbH & Co. KG
Heinrich-Böcking-Str. 6-8, 66121 Saarbrücken, Deutschland / Allemagne
Email: info@presses-academiques.com

Herstellung: siehe letzte Seite /
Impression: voir la dernière page
ISBN: 978-3-8416-2311-9

Copyright / Droit d'auteur © 2013 OmniScriptum GmbH & Co. KG
Alle Rechte vorbehalten. / Tous droits réservés. Saarbrücken 2013

Préface

Cet ouvrage présente les résultats des travaux menés par l'auteur dans la période 2002–2006 au sein du Laboratoire d'Automatique de Grenoble en vue de l'obtention du titre de Docteur en Automatique. Lors de la prépration de l'ouvrage, le texte du manuscrit de thèse de 2006 a été entièrement revisé et les défauts d'exposé découverts ont été corrigés. Quelques avancements notables qui ont été réalisés dans le domaine par rapport aux résultats présentés dans le manuscrit original sont également indiqués dans cette nouvelle version du texte.

Je tiens à remercier mon directeur de thèse, M. Gildas Besançon, pour son appui et sa contribution déterminante à l'aboutissement du travail présenté ici.

Bucarest, Décembre 2013   Alexandru Țiclea

Table des matières

1 Introduction   **1**

2 Notations et définitions   **4**
   2.1 Systèmes non linéaires 4
   2.2 Observateurs 13
   2.3 Observabilité 15
   2.4 Sous-systèmes 21

3 Immersion et observation   **30**
   3.1 Observation des systèmes affines en l'état 30
   3.2 Immersion dans une forme affine en l'état 33
   3.3 Immersion dans un système linéaire 38
   3.4 Conclusions 42

4 Immersion affine avec injection de sortie   **43**
   4.1 Problématique 43
   4.2 Procédure d'immersion 46
   4.3 Discussions 50
   4.4 Estimation de l'angle de charge d'un générateur synchrone . . . 53
   4.5 Conclusions 63

5 Observation de la machine asynchrone   **66**
   5.1 Modèle mathématique de la machine asynchrone 66
   5.2 Problématique et panorama bibliographique 68
   5.3 Immersions du modèle de la machine asynchrone 73
   5.4 Résultats en simulation 80

5.5	Résultats sur des données réelles	96
5.6	Conclusions	101

6 Immersion et observation des systèmes observables au sens du rang   103

6.1	Préliminaires sur les observateurs à grand gain	103
6.2	Grand gain et systèmes non uniformément observables	116
6.3	Synthèse d'observateur à l'aide d'immersion	125
6.4	Application	132
6.5	Extensions	136
6.6	Conclusions	140

7 Conclusions et perspectives   142

A Objets de base de la géométrie différentielle   145

B Équations différentielles linéaires   155

Bibliographie   157

1 Introduction

Le travail présenté dans cet ouvrage se place dans le contexte de l'observation des systèmes non linéaires. L'*observation* (ou l'*estimation*)[1] concerne aussi bien l'évolution des variables d'état que l'évolution des paramètres du système, dont la connaissance est souvent exigée afin d'appliquer des algorithmes avancés de commande ou de surveillance.

Dans le but de connaître ces évolutions, le processus d'observation est dans la plupart des cas inévitable, du moment où, en général, les variables d'état d'un système (qu'il soit linéaire ou non linéaire) ne peuvent pas se déduire directement (algébriquement) de la sortie, ce qui est valable aussi pour les paramètres. Le processus d'observation est mené par un *observateur* (ou un *estimateur*), dont la construction ne pose pas problème dans le cas des dynamiques linéaires, où on dispose de méthodes systématiques de synthèse d'un tel système.

En revanche, en ce qui concerne les systèmes non linéaires, on ne dispose que d'une collection de solutions « dédiées », chacune applicable à une classe particulière de systèmes. étant donnée la multitude de formes non linéaires existantes, ces solutions essaient de répondre plutôt à une question générique : « Comment transformer un système non linéaire donné dans une forme pour laquelle on sait construire un observateur ? », où le terme « construire » est utilisé vis-à-vis de la définition précise de l'observateur, donnée au chapitre suivant.

En réalité, la transformation du système revient à une transformation globale ou locale de l'espace d'état accompagnée éventuellement d'une transformation de l'espace de sortie, ou d'une transformation de temps ou bien des deux, qui, dans la plupart des cas, vise à engendrer une nouvelle représentation de la

---

[1]. Ces deux termes seront utilisés interchangeablement.

dynamique qui soit en un certain sens affine en l'état, perturbée éventuellement par une non linéarité structurée. Quand les espaces d'état des deux représentations sont difféomorphes, on parle d'une transformation d'*équivalence*. La transformation d'équivalence est un cas particulier de transformation dans laquelle l'espace d'état de la représentation initiale et son image par la transformation sont localement homéomorphes. On appelle une telle transformation générale une *immersion*, cette dénomination traduisant le fait qu'en général la dimension de l'espace d'état n'est pas préservée—elle augmente après transformation.

Comme il est spécifié dans le titre, ce sont les techniques d'immersion qui font l'objet principal d'étude dans ce mémoire, qui est organisé comme suit.

Le chapitre 2 est consacré à la présentation des formalisations précises de ce que l'on entend par système non linéaire, observabilité, observateur et enfin, immersion. Le degré d'abstraction dans la définition des systèmes non linéaires, bien qu'utile dans l'étude des résultats disponibles sur l'immersion de systèmes (on utilise des éléments de géométrie différentielle), dépasse peut-être nos besoins dans ce mémoire et cette affirmation peut se faire aussi vis-à-vis de certains aspects liés à l'immersion qui sont présentés. En réalité, nous avons essayé de donner une présentation rigoureuse et assez détaillée d'un cadre théorique qui puisse servir de base pour des études supplémentaires. En ce qui concerne l'observabilité, on évoque le problème des entrées, qui engendre la classification des systèmes non linéaires en systèmes uniformément et non uniformément observables.

Au chapitre 3 on fait quelques rappels de résultats disponibles sur l'immersion de systèmes, qui ont un rapport direct avec la synthèse d'observateur, dont le résultat le plus important concerne immersion dans une forme affine en l'état. L'importance de l'immersion dans un système affine en l'état est justifiée par l'existence d'un observateur du type Kalman pour cette classe de systèmes—l'observateur à facteur d'oubli exponentiel.

Notre contribution se situe au niveau des chapitres 4, 5 et 6. Au chapitre 4 on explore la possibilité d'élargir la classe des systèmes immergeables dans une forme affine en l'état en faisant recours à l'injection de sortie. Les difficultés à

1 Introduction

affronter dans la résolution du problème sont mises en évidence et un algorithme d'immersion est présenté. Une première application de l'algorithme est illustrée vis-à-vis de l'estimation de l'angle de charge d'une génératrice synchrone en considérant que la référence est représentée par un bus infini.

Le chapitre 5 est consacré entièrement à une application importante de la méthode proposé au chapitre 4—l'observation de la machine asynchrone. Il est montré que la méthode peut s'appliquer avec succès pour des différentes combinaisons de variables d'état et de paramètres électriques qui sont à estimer. Des résultats en simulation ainsi que sur des données réelles sont présentés.

Si aux chapitres 4 et 5 l'immersion est effectuée dans le but d'utiliser un observateur du type Kalman, au chapitre 6 on s'intéresse à l'utilisation d'un observateur à grand gain. L'utilisation d'un tel observateur nous permet d'alléger les conditions d'immersion, car la représentation du système peut contenir des non linéarités (qui satisfont toutefois certaines conditions de structure). Dans un premier temps on rappelle quelques résultats sur la synthèse d'observateur à grand gain pour les systèmes uniformément observables. On s'intéresse notamment à des cas particuliers d'une structure pour laquelle on présente ensuite un observateur à grand gain qui ne s'appuie pas sur l'hypothèse d'observabilité uniforme. Finalement, on montre que cette structure peut s'obtenir par immersion sous des conditions assez faibles—la condition de rang pour l'observabilité est suffisante. à titre d'illustration de la méthode, on considère l'observation d'un modèle agrégé de charge connectée à un réseau radial de distribution.

Les conclusions finales et quelques perspectives ouvertes par ce travail seront présentés au chapitre 7.

2 Notations et définitions

2.1 Systèmes non linéaires

Ce paragraphe présente des aspects élémentaires liés à la notion de système non linéaire, qui seront utilisés le long du mémoire. L'exposition utilise des notions de base de géométrie différentielle, rappelées de manière très sommaire dans l'annexe A ; des traitements détaillés du sujet sont disponibles, par exemple, dans [Boothby 2003] ou [Spivak 1979]. Ici, l'objectif est d'une part d'associer aux concepts connus des notations qui seront employées par la suite, et d'autre part de montrer comment ces concepts sont utilisés pour la description des systèmes non linéaires.

Définition générale

La représentation générale des systèmes non linéaires utilisée dans ce mémoire suppose que l'espace d'état est une variété C^∞ de dimension n, notée $\mathcal{M}$, l'espace des entrées (ou des commandes), noté $\mathcal{E}$, est un sous-ensemble de $\mathbb{R}^m$ et l'espace des sorties (ou des mesures), noté $\mathcal{S}$, est un sous-ensemble de $\mathbb{R}^p$.

En ce qui concerne les entrées en tant que fonctions de temps $u\colon [0, t_u) \to \mathcal{E}$, on considère qu'elles sont éléments de $\mathcal{L}_\mathcal{E}^\infty(\mathbb{R}^+)$, l'ensemble des fonctions mesurables et bornées définies sur l'intervalle semi-ouvert $\mathbb{R}^+$ à valeurs dans $\mathcal{E}$.

2.1 Remarque. L'hypothèse ci-dessus est suffisante pour qu'une entrée soit considérée *admissible* au sens mathématique, en particulier au sens de l'intégrabilité des équations différentielles ordinaires. En pratique, des conditions supplémentaires peuvent être imposées aux fonctions d'entrée pour qu'elles soient considérées admissibles également au sens physique, comme par exemple la

2.1 Systèmes non linéaires

conformité avec certaines normes techniques qui garantissent la compatibilité vis-à-vis du procédé considéré. △

La description du système est donnée en termes de champs de vecteurs définis sur la variété (on sous-entend désormais C^∞) $\mathcal{M}$. Plus précisément, soit $\mathfrak{X}$ une famille de champs de vecteurs $\{\mathfrak{X}_c : c \in \mathcal{E}\}$ définie sur $\mathcal{M}$, telle que l'application $\mathcal{M} \times \mathcal{E} \to$ vecteurs tangents sur $\mathcal{M}$, $(c,p) \mapsto \mathfrak{X}_{c,p} \in T_p(\mathcal{M})$ soit C^∞. Aussi bien qu'un champ de vecteurs X de classe C^∞, la famille $\mathfrak{X}$ permet de définir—de manière naturelle—des équations différentielles sur la variété.

Soient J un intervalle ouvert de $\mathbb{R}$ et $\sigma : J \to \mathcal{M}$ une application C^∞ (une courbe lisse sur $\mathcal{M}$). Notons $\dot\sigma(t_0)$ l'image par l'application tangente σ_* du vecteur $\left(\frac{d}{dt}\right)_{t_0}$ pris à $t_0 \in J$ comme base de $T_{t_0}(J)$. Le vecteur obtenu est appelé le *vecteur vitesse* de la courbe σ au point $\sigma(t_0)$. Dans cette interprétation, $\sigma(t)$ est un point qui se déplace sur $\mathcal{M}$ pendant que le paramètre t est vu comme le temps. Les équations différentielles sont définies en termes d'égalités de vecteurs tangents.

2.2 Définition. La courbe $t \mapsto \sigma(t) \in \mathcal{M}$ définie sur un intervalle ouvert J de $\mathbb{R}$ est une *courbe intégrale* du champ de vecteurs X défini sur $\mathcal{M}$ si $\dot\sigma(t) = X_{\sigma(t)}$ pour tout $t \in J$. △

Par tout point de la variété il passe une courbe intégrale de X et cette courbe est unique. En réalité, pour tout point p de $\mathcal{M}$ il existe un voisinage $V \subset \mathcal{M}$ et un intervalle ouvert $I_p \subset \mathbb{R}$ tel que $0 \in I_p$, auxquels il correspond une application Φ de classe C^∞ définie sur $W = I_p \times V$ à valeurs dans $\mathcal{M}$ qui satisfait, pour tout $q \in V$, les propriétés suivantes :

(i) $\Phi(0, q) = q$;

(ii) avec q fixé, la courbe $\sigma(t) = \Phi(t, q)$ est une courbe intégrale de X.

2.3 Définition. L'application Φ qui satisfait les propriétés ci-dessus est appelée le *flot* du champ de vecteurs X. △

Note. Quand le flot est défini sur $W = \mathbb{R} \times \mathcal{M}$, le champ de vecteurs X est dit *complet*. Tout champ de vecteurs C^∞ d'une variété compacte est complet.

En fonction de la variable qui doit être mise en évidence, on peut utiliser les notations $\Phi_t(p)$ et $\Phi_p(t)$ à la place de $\Phi(t,p)$, ou bien $\Phi_t^X(p)$ et $\Phi_p^X(t)$ pour accentuer le champ de vecteurs dont le flot correspond. Dans la notation $\Phi_p(t)$ on peut regarder le flot comme un moyen qui nous permet de « parcourir » une courbe intégrale du champ de vecteurs X à partir de p et d'arriver à un autre point de cette courbe après un certain « temps » t.

Les concepts rappelés ci-dessus sont intimement liés aux concepts « classiques » de *condition initiale* et *trajectoire* d'un système dynamique. Ainsi, si la description d'un système dynamique—pour l'instant autonome—est donnée par un champ de vecteurs X, la trajectoire du système sera une courbe intégrale de X, décrite pour toute condition initiale p par le flot $\Phi_p(t)$. Tous ces faits restent valables aussi dans le cas où le champ de vecteurs admet une paramétrisation en fonction de temps, déterminée par l'entrée du système.

Puisque les effets d'une fonction d'entrée se reflètent dans le comportement d'un système dynamique toujours après l'instant où l'application de la fonction a débuté, on considère cet instant-là comme une réinitialisation à zéro du temps, point à partir duquel on définit toutes les fonctions d'entrée (ce qui nous avons déjà fait d'ailleurs pour les fonctions d'entrée, éléments de $\mathcal{L}_{\mathcal{E}}^\infty(\mathbb{R}^+)$). Cependant, on peut toujours imaginer une extension convenable du domaine de définition—d'une fonction d'entrée donnée—pour des valeurs négatives du temps, non seulement pour maintenir une certaine cohérence avec le cas autonome, mais encore pour introduire une certaine continuité dans le fonctionnement du système. Dans ce cas, la trajectoire qui correspond aux entrées définies après l'instant zéro s'obtient en restreignant aux valeurs positive du temps la courbe intégrale qui passe par le point p et qui correspond à l'entrée « étendue ».

2.4 Définition. Pour toute fonction d'entrée $u \in \mathcal{L}_{\mathcal{E}}^\infty(\mathbb{R}^+)$ et tout $p \in \mathcal{M}$, l'application C^∞, $\Phi_{p,u} \colon [0, t_{p,u}) \to \mathcal{M}$, qui représente la solution maximale (par rapport à l'intervalle de définition) de l'équation

$$\dot{\sigma}(t) = \mathcal{X}_{u(t),\sigma(t)} \qquad \sigma(0) = p, \qquad (2.1)$$

2.1 Systèmes non linéaires

est appelée *la trajectoire (d'état) du système sous l'action de l'entrée u après initialisation à p*. △

Note. On rencontre assez souvent dans la littérature la supposition que le système est *complet*, c'est-à-dire toute fonction d'entrée u est définie sur $\mathbb{R}^+$ et la courbe intégrale de la famille de champs de vecteurs $\mathcal{X}$ qu'elle génère à partir de tout point de $\mathcal{M}$ est définie également sur $\mathbb{R}^+$ (comparer avec la définition 2.3).

La valeur $\Phi_{p,u}(t)$ représente *l'état* du système à l'instant t. Afin d'alléger les notations, on écrit souvent $\Phi(t)$ à la place de $\Phi_{p,u}(t)$, à l'exception des situations où la valeur d'initialisation et la fonction d'entrée présentent une importance particulière. On peut illustrer cette différenciation tout de suite, en précisant la signification de deux notions connexes. D'une part, on considère que la sortie du système à l'instant t est

$$y(t) = h(\Phi(t)), \qquad (2.2)$$

où h est une application $h \colon \mathcal{M} \to \mathcal{S}$ de classe C^∞, appelée *l'application de sortie* du système. On suppose aussi que les sorties en tant que fonctions de temps $y \colon [0, t_{p,u}) \to \mathcal{S}$ sont éléments de $\mathcal{L}_\mathcal{S}(\mathbb{R}^+)$, l'espace de toutes les fonctions mesurables définies sur $\mathbb{R}^+$ à valeurs dans $\mathcal{S}$. D'autre part, on s'intéresse souvent au *comportement entrée-sortie* du système. Évidemment, cette notion n'a pas de sens sans spécifier un état initial, d'autant plus quand il s'agit de systèmes non linéaires.

2.5 Définition. L'application $\bar{h} \colon \mathcal{M} \times \mathcal{L}_\mathcal{E}^\infty(\mathbb{R}^+) \to \mathcal{L}_\mathcal{S}(\mathbb{R}^+)$, $\bar{h}(p,u) = h \circ \Phi_{p,u}$ est appelée *l'application entrée-sortie* du système. △

Vu que l'application entrée-sortie donne la description d'une trajectoire dans l'espace de sortie, par analogie avec la notation $\Phi_{p,u}$ utilisée pour la trajectoire d'état, on utilise la notation $y_{p,u}$ pour désigner le résultat de l'évaluation de $\bar{h}$ en (p,u). Bien entendu, l'application $y_{p,u}$ n'est définie tout au plus que sur l'intervalle de définition de $\Phi_{p,u}$.

Toujours au sujet des notations, on s'intéresse parfois à la trajectoire de sortie en fonction de l'initialisation du système pour une entrée u fixée ou, à l'inverse, en fonction de l'entrée u pour un point d'initialisation donné. On utilise alors les notations $\bar{h}_u(p)$ et $\bar{h}_p(u)$ à la place de $\bar{h}(p,u)$, suivant la variable mise en évidence.

2.6 Remarque. En pratique on peut rencontrer des situations où l'application de sortie dépend de l'entrée non seulement par l'intermédiaire de la dynamique du système, mais aussi de manière directe. Dans ce cas, on définit une fonction de sortie $h\colon \mathcal{M} \times \mathcal{S} \to S$ et une application entrée-sortie $\bar{h}\colon \mathcal{M} \times \mathcal{L}_{\mathcal{E}}^{\infty}(\mathbb{R}^+) \to \mathcal{L}_{\mathcal{S}}(\mathbb{R}^+)$, cette dernière de sorte que $y_{p,u} := \bar{h}(p,u)$ satisfasse $y_{p,u}(t) = h(\Phi_{p,u}(t), u(t))$ sur son domaine de définition. Par analogie avec les notations introduites pour $\bar{h}$, nous pouvons mettre en évidence l'un des arguments de $h(p,u)$ à travers les notations $h_p(u)$ et $h_u(p)$. △

Note. Les objets considérés jusqu'à présent ont été supposés de classe C^∞. Occasionnellement, en fonction des nécessités, on peut employer la supposition plus forte que ces objets soient analytiques (ou de classe C^ω) sur leur domaine de définition.

Représentation locale

Il faut noter qu'en général, sur la variété $\mathcal{M}$ il n'existe pas n champs de vecteurs qui soient linéairement indépendants (une base) en tout point, ce qui signifie que la famille de champs de vecteurs $\mathcal{X}$ n'admet pas une description concrète globale. Par conséquent, l'équation (2.1) ne peut être montrée équivalente à une forme convenable pour la synthèse de lois de commande ou d'observateurs (c'est-à-dire système de n équations différentielles du premier ordre) que localement. Ceci est dû au fait que généralement, une variété C^∞ ne possède pas un système de coordonnées global (ou une carte globale).

Considérons une carte (U, ϕ) sur $\mathcal{M}$ et pour tout $q \in U$ notons $\left(\frac{\partial}{\partial \phi_1}\right)_q, \ldots, \left(\frac{\partial}{\partial \phi_n}\right)_q$ la base de $T_q(\mathcal{M})$ associée à cette carte. Si $p \in U$, soit $\sigma(t) = \Phi_p(t)$ la courbe qui satisfait l'équation (2.1). En coordonnées locales, $\sigma(t)$ est donné sur U par $\phi(\sigma(t)) = \mathrm{col}(x_1(t), \ldots, x_n(t))$. À tout instant t_0 tel que $q = \sigma(t_0) \in U$ nous

2.1 Systèmes non linéaires

avons d'une part

$$\dot{\sigma}(t_0) = \sigma_*\Big(\frac{\mathrm{d}}{\mathrm{d}t}\Big)_{t_0} = \sum_{i=1}^{n}\Big(\frac{\mathrm{d}x_i}{\mathrm{d}t}\Big)_{t_0}\Big(\frac{\partial}{\partial \phi_i}\Big)_q.$$

D'autre part, en notant $x(t) = (x_1(t), \ldots, x_n(t))$ et sachant que $\sigma(t_0) = \phi^{-1}(x(t_0))$, on peut exprimer aussi le vecteur tangent $\mathfrak{X}_{u(t_0),\sigma(t_0)}$ dans la base $\big(\frac{\partial}{\partial \phi_1}\big)_q, \ldots, \big(\frac{\partial}{\partial \phi_n}\big)_q$ en faisant recours aux coordonnées locales en ce qui concerne les coefficients :

$$\mathfrak{X}_{u(t_0),\sigma(t_0)} = \sum_{i=1}^{n} f_i(x(t_0), u(t_0))\Big(\frac{\partial}{\partial \phi_i}\Big)_q.$$

Il s'ensuit que l'équation (2.1) est satisfaite sur U si et seulement si

$$\frac{\mathrm{d}x_i}{\mathrm{d}t} = f_i(x(t), u(t)) \qquad i = 1, \ldots, n.$$

En conclusion, puisque les applications f_i, $i = 1, \ldots, n$, dépendent des coordonnées locales choisies, en général il n'existe pas un système de n équations du premier ordre défini globalement qui soit équivalent à l'équation (2.1). Néanmoins, l'exception est souvent rencontrée en pratique, où dans la plupart des cas, la variété $\mathcal{M}$ est un sous espace ouvert, connexe, de $\mathbb{R}^n$.

Par conséquent, pour une courbe lisse $x(t)$, $t_1 < t < t_2$, sur $\mathcal{M} \subset \mathbb{R}^n$, les composantes de $\dot{x}(t_0)$, $t_0 \in (t_1, t_2)$, dans la base naturelle de l'espace tangent au point $x(t_0) \in \mathbb{R}^n$ sont $\big(\frac{\mathrm{d}x_1}{\mathrm{d}t}\big)_{t_0}, \ldots, \big(\frac{\mathrm{d}x_n}{\mathrm{d}t}\big)_{t_0}$. En outre, la famille de champs de vecteurs $\mathfrak{X}$ admet une représentation globale telle que, en tout point $(a, c) \in \mathcal{M} \times \mathcal{E}$,

$$\mathfrak{X}_{c,a} = f_1(a,c)\Big(\frac{\partial}{\partial x_1}\Big)_a + \cdots + f_n(a,c)\Big(\frac{\partial}{\partial x_n}\Big)_a.$$

La famille de champs de vecteurs $\mathfrak{X}$ s'identifie alors avec le vecteur des composantes $f = \mathrm{col}(f_1, \ldots, f_n)$, qui peut s'utiliser pour écrire sous forme vectorielle le système de n équations du premier ordre qui donne la description globale du système non linéaire. Ainsi, en considérant aussi que la fonction de sortie dépend directement de l'entrée, la description complète du système est donnée par

$$\begin{aligned}\dot{x}(t) &= f(x(t), u(t)) \\ y(t) &= h(x(t), u(t))\end{aligned} \qquad x(0) = x^\circ, \qquad (2.3)$$

où nous avons écrit $\dot{x}(t)$ à la place de $\frac{dx}{dt}$. Par analogie avec le cas général, on appelle $x(t)$ l'état du système à l'instant t et l'application $x_{x^\circ,u}$ la trajectoire du système sous l'action de la fonction d'entrée u après initialisation à x°. On définit l'application entrée-sortie du système de façon similaire à la définition 2.5 et on utilise $y_{x^\circ,u}$ pour désigner la trajectoire de sortie qui correspond à la trajectoire d'état $x_{x^\circ,u}$.

2.7 Remarque. Dans le but de représenter un système—qui n'est pas forcement défini sur $\mathbb{R}^n$—sous la forme familière (2.3) sans trop alourdir les notations, il est habituel de supposer que la variété sur laquelle le système est défini admet un système de coordonnées global, ce qui permet, comme dans le cas $\mathbb{R}^n$, d'identifier chaque point de l'espace d'état avec ses coordonnées. On adopte aussi cette convention et parfois on écrit $x \in \mathcal{M}$ pour désigner le point $p \in \mathcal{M}$ dont la coordonné est x. △

En résumant ce qui a été présenté jusqu'à ce point, on décrit complètement un système non linéaire en spécifiant :
- l'espace d'état $\mathcal{M}$;
- la famille de champs de vecteurs qui en décrit la dynamique, $\mathcal{X}$, et l'espace $\mathcal{E}$ des variables qui paramétrisent la famille $\mathcal{X}$;
- l'application de sortie h et l'espace des sorties $\mathcal{S}$.

Cependant, quand l'objectif est la synthèse d'observateur (ce qui est le cas dans ce travail), nous sommes amenés à distinguer entre plusieurs systèmes notamment dans la mesure où on utilise des transformations pour obtenir des représentations qui conviennent pour atteindre l'objectif cité. Nous pouvons alors supposer que les espaces $\mathcal{E}$ et $\mathcal{S}$ sont fixés et dans ces conditions, décrire tout système en spécifiant seulement le triplet $(\mathcal{M}, \mathcal{X}, h)$.

Formes particulières

Pour la synthèse de lois de commande ou d'observateurs, les éventuelles linéarités de la représentation (2.3) peuvent faciliter la démarche de manière considérable. Pour cette raison, beaucoup d'études existantes portent sur des

2.1 Systèmes non linéaires

formes particulières de représentation, principalement en vue de l'extension des résultats disponibles pour des systèmes sous des formes encore plus « agréables », comme par exemple les systèmes linéaires. Quelques formes qui font couramment l'objet des études dans le domaine seront présentées dans ce qui suit.

Une forme de représentation qui est considérée assez générale et qui a été largement utilisée pour des développements théoriques portant sur les systèmes non linéaires est la forme dite *affine en l'entrée*.

2.8 Définition. Un système non linéaire $(\mathcal{M}, \mathcal{X}, h)$ est dit *affine en l'entrée* si et seulement si :

(i) $\mathcal{E}$ est un espace vectoriel ;

(ii) l'application $\mathcal{E} \to$ champs de vecteurs sur $\mathcal{M}$, $c \mapsto \mathcal{X}_c$, est affine ;

(iii) pour tout $x \in \mathcal{M}$, l'application $h_x : \mathcal{E} \to \mathcal{S}$ est affine. △

La famille de champs de vecteurs qui décrit un système affine en l'entrée admet une description en termes d'un nombre fini de champs de vecteurs. En coordonnées locales, nous obtenons la représentation

$$\begin{aligned}\dot{x}(t) &= f_0(x(t)) + \sum_{i=1}^{m} f_i(x(t))u_i(t) \\ y(t) &= h_0(x(t)) + \sum_{i=1}^{m} h_i(x(t))u_i(t).\end{aligned} \quad (2.4)$$

Toutefois, notons qu'il est plus fréquent de rencontrer des représentations dont la fonction de sortie h ne dépend pas directement de u.

Note. Du fait que l'on utilise des indices pour désigner également les composantes des vecteurs, on veille à ne pas confondre les vecteurs $f_0, \ldots, f_m \in \mathbb{R}^n$ et $h_0, \ldots, h_m \in \mathbb{R}^p$ avec des scalaires.

Si la forme affine en la commande est particulièrement intéressante pour la synthèse de lois de commande, en revanche, la synthèse d'observateur est quant à elle plutôt facilitée quand le système est sous une forme affine en l'état.

2.9 Définition. Un système non linéaire $(\mathcal{M}, \mathcal{X}, h)$ est dit *affine en l'état* si et seulement si :

(i) $\mathcal{M}$ est un espace vectoriel de dimension finie ;

(ii) les champs de vecteurs $\{\mathfrak{X}_c : c \in \mathcal{E}\}$ sont affines ;

(iii) pour tout $c \in \mathcal{E}$ fixé, l'application $h_c \colon \mathcal{M} \to \mathcal{S}$, $h_c(x) = h(x,c)$, est affine. △

La représentation en coordonnées locales d'un système affine en l'état est

$$\begin{aligned}\dot{x}(t) &= A(u(t))x(t) + b(u(t))\\ y(t) &= C(u(t))x(t) + d(u(t)),\end{aligned} \quad (2.5)$$

où A, b, C et d sont des matrices de dimensions $n \times n$, $n \times 1$, $p \times n$ et $p \times 1$ respectivement. Le terme $d(u(t))$ peut être supprimé sans aucune perte de généralité, comme on le verra un peu plus loin.

2.10 Définition. Un système non linéaire qui est en même temps affine en l'entrée et affine en l'état est dit *bilinéaire*. △

La forme générale des systèmes bilinéaires est

$$\begin{aligned}\dot{x}(t) &= A_0 x(t) + \sum_{i=1}^{m} u_i(t) A_i x(t) + B u(t)\\ y(t) &= C_0 x(t) + \sum_{i=1}^{m} u_i(t) C_i x(t) + D u(t)\end{aligned} \quad (2.6)$$

où $A_0, \ldots, A_m$ sont des matrices $n \times n$, B est une matrice $n \times m$, $C_0, \ldots, C_m$ sont des matrices $p \times n$ et D est une matrice $p \times m$. Cependant, comme dans le cas des systèmes affines en l'entrée, on s'intéresse souvent aux systèmes bilinéaires dont la sortie ne dépend pas directement de u.

Puisque l'entrée u est connue (mesurée) à tout instant t, toute fonction d'entrée appliquée au système (2.3) engendre un système homogène à paramètres variables dans le temps. Ce point de vue est particulièrement intéressant pour les systèmes affines en l'entrée, car le système engendré est un système linéaire variable dans le temps :

$$\begin{aligned}\dot{x}(t) &= A(t)x(t) + b(t),\\ y(t) &= C(t)x(t) + d(t).\end{aligned} \quad (2.7)$$

2.2 Observateurs

Étant donné que les signaux $y(t)$ et $d(t)$ sont mesurés, on peut alors toujours supposer que la sortie mesurée est $y(t) - d(t) = C(t)x(t)$. Mais ce qui est le plus important, c'est que la linéarité constitue un avantage important en vue de la synthèse d'observateur et de la caractérisation des conditions dans lesquelles une telle synthèse est possible. On est donc intéressé à élargir la classe des systèmes qui se ramènent à cette forme en exploitant toute connaissance de signal lié au système, en particulier celle de la sortie y. Ainsi, on s'intéresse aux systèmes qui, par l'intermédiaire d'une dépendance explicite et convenable en y de l'équation différentielle, peuvent se mettre sous la forme

$$\begin{aligned} \dot{x}(t) &= A(u(t), y(t))x(t) + b(u(t), y(t)) \\ y(t) &= C(u(t))x(t). \end{aligned} \quad (2.8)$$

Quand la matrice A ne dépend que de u, la forme (2.8) est dite *affine modulo injection de sortie*. Dans ce cas, on dit que le terme $b(u, y)$ « perturbe » la partie affine. Les cas où le terme de perturbation n'est pas seulement une combinaison d'entrées et de sorties, mais une combinaison d'entrées et d'états en général, sont également intéressants en vue de la synthèse d'observateur. Les formes *perturbées* considérées couramment sont du type

$$\begin{aligned} \dot{x}(t) &= A(u(t), y(t))x(t) + \varphi(x(t), u(t)) \\ y(t) &= C(u(t))x(t), \end{aligned} \quad (2.9)$$

avec diverses contraintes de structure.

2.2 Observateurs

Étant donné un système dynamique décrit par les équations (2.3), l'objectif d'un observateur est de fournir à tout instant t une estimation de l'état $x(t)$ à partir de l'évolution des entrées u et sorties y sur un intervalle de temps passé, $[0, t]$. Ce processus devant se faire en temps réel, l'observateur est généralement un système dynamique.

2.11 Définition. On appelle *observateur* ou *reconstructeur d'état* du système (2.3) le système dynamique dont les entrées sont constituées des vecteurs des entrées et des sorties du système à observer et dont le vecteur de sortie est l'état estimé :

$$\dot{z}(t) = \hat{f}(z(t), u(t), y(t)) \qquad z(0) = z°$$
$$\hat{x}(t) = \hat{h}(z(t), u(t), y(t))$$

et qui assure $\|e(t)\| = \|\hat{x}(t) - x(t)\| \to 0$ quand $t \to \infty$. L'observateur est dit alors *à convergence asymptotique*. Quand l'erreur d'estimation satisfait $\|e(t)\| \leq \alpha e^{-\beta t}$, où $\alpha, \beta > 0$ dépendent éventuellement de $x°$ et $z°$, la convergence est *exponentielle*. △

Pendant le fonctionnement, des perturbations mesurées ou non peuvent agir sur le système, ce qui a pour effet une « réinitialisation » de l'erreur d'estimation. On souhaite en général que l'observateur possède une certaine manière de réagir face à une telle situation. Notamment, on souhaite que :

1. l'erreur d'estimation soit bornée pour toute perturbation bornée ;
2. les caractéristiques dynamiques de l'observateur soient stationnaires (vitesse de convergence de l'erreur d'estimation indépendante de l'instant considéré) ;
3. la vitesse de convergence de l'erreur d'estimation puisse être choisie arbitrairement, en particulier en rapport avec la dynamique du système ;
4. $\hat{x}(0) = x(0)$ implique $\hat{x}(t) = x(t)$ pour tout $t \geq 0$.

D'habitude, l'observateur prend la forme d'une copie de la dynamique du système, à laquelle se rajoute un terme de correction qui dépend de l'écart entre la sortie mesurée et la sortie estimée et d'un gain qui peut posséder sa propre dynamique :

$$\begin{aligned}\dot{\hat{x}}(t) &= f(\hat{x}(t), u(t)) + k\big[z(t), h(\hat{x}(t), u(t)) - y(t)\big] \\ \dot{z}(t) &= \hat{f}(z(t), u(t), y(t))\end{aligned} \qquad (2.10)$$

avec $k(z(t), 0) = 0$. Dans certains cas, le gain de l'observateur est constant et l'extension z est inexistante, comme c'est le cas, par exemple, des observateurs construits pour les systèmes linéaires stationnaires.

Comme nous l'avons déjà souligné, il n'existe pas une solution générale au problème de synthèse d'observateur pour un système sous une forme générale (2.3), ou même (2.4). Cependant, il existe un éventail de solutions pour des systèmes sous des formes particulières—principalement du type (2.5)–(2.9)—qui vérifient éventuellement des conditions particulières de structure. Les principaux résultats disponibles qui ont un rapport avec notre travail seront rappelés en temps opportun.

2.3 Observabilité

La réussite dans la démarche de synthèse d'un observateur pour un système dynamique est conditionnée par certaines propriétés du système en question. Une condition nécessaire pour la synthèse d'un observateur qui possède les caractéristiques 1–4 énumérées ci-dessus, en particulier celle au point n° 3, est que le système soit *observable*. En bref, la notion d'*observabilité* caractérise le fait que la sortie contienne d'une certaine façon l'information sur l'état.

Observabilité et indiscernabilité

Pour les systèmes linéaires stationnaires l'observabilité dépend exclusivement de la description mathématique du système et elle se montre aussi suffisante pour garantir l'existence d'un observateur à convergence globale, exponentielle et arbitrairement rapide.

Pour les systèmes non linéaires le problème est compliqué par le fait que l'observabilité dépend en plus de l'entrée appliquée. Plus précisément, pour tout couple d'états initiaux, l'observabilité dépend de l'existence d'une entrée qui permette de discerner (ou distinguer) les éléments de ce couple. En s'appuyant sur le travail de Hermann et Krener (1977), on définit l'observabilité à partir de la notion d'*indiscernabilité*.

2.12 Définition (Indiscernabilité). Un couple d'états initiaux $\{x^\circ, x^\bullet\}$ du système (2.3) est dit *indiscernable* et on écrit $x^\circ I x^\bullet$, si, pour toute fonction d'entrée

u, les trajectoires de sortie $y_{x^\circ,u}$ et $y_{x^\bullet,u}$ se confondent tant qu'elles sont définies. △

Si $I(x^\circ)$ désigne l'ensemble $\{x^\bullet : x^\circ I x^\bullet\}$, nous avons la définition suivante.

2.13 Définition (Observabilité). Le système (2.3) est dit *observable* si $I(x) = \{x\}$ pour tout $x \in \mathcal{M}$. △

Par analogie avec les systèmes linéaires, on souhaite disposer, pour les systèmes non linéaires aussi, d'une condition de rang qui donne une caractérisation formelle de la propriété d'observabilité. Une telle condition existe, mais elle ne garantit pas l'observabilité au sens fort de la définition précédente ; en particulier, elle n'est pas globale comme la condition de rang l'est pour les systèmes linéaires. La condition dont on parle s'appuie sur une relation dite de *U-indiscernabilité*.

Soit U un sous-ensemble ouvert de $\mathcal{M}$. Si $x^\circ, x^\bullet \in U$, le couple $\{x^\circ, x^\bullet\}$ est *U-indiscernable* s'il est indiscernable tant que les trajectoire initialisées en ces points restent dans U. La relation de U-indiscernabilité peut s'utiliser dans un premier temps pour introduire une notion *plus forte* que l'observabilité au sens de la définition 2.13, à savoir, l'*observabilité locale* : le système est *localement observable en x°* si pour tout voisinage U de x°, $I_U(x^\circ) = \{x^\circ\}$; il est localement observable s'il l'est en tout point.

D'autre part, nous pouvons affaiblir la notion d'observabilité en distinguant un point seulement de ses voisins : le système est *faiblement observable en x°* s'il existe un voisinage U de x° tel que $I(x^\circ) \cap U = \{x^\circ\}$; il est faiblement observable s'il l'est en tout point. Le concept d'observabilité non linéaire qui admet une caractérisation en termes d'une condition de rang est plus fort que l'observabilité faible, mais plus faible que l'observabilité locale. On parle d'*observabilité locale faible*.

2.14 Définition (Observabilité locale faible). Le système (2.3) est *localement faiblement observable en x°* s'il existe un voisinage U de x° tel que pour tout voisinage V de x° contenu dans U, $I_V(x^\circ) = \{x^\circ\}$. Le système est *localement faiblement observable* s'il l'est en tout point $x \in \mathcal{M}$. △

2.3 Observabilité

La caractérisation formelle de la propriété d'observabilité locale faible s'appuie sur la notion d'*espace d'observation*.

2.15 Définition (Espace d'observation). Étant donné un système $(\mathcal{M}, \mathcal{X}, h)$, on note $\mathcal{O}(h)$ et on appelle l'*espace d'observation* du système, le plus petit espace vectoriel sur $\mathbb{R}$ de fonctions de $\mathcal{M}$ à valeurs dans $\mathbb{R}$ qui contient les fonctions $\{h_{c_1}, \ldots, h_{c_p} : c \in \mathcal{E}\}$ et qui est invariant sous l'actions des champs de vecteurs de $\mathcal{X}$. △

2.16 Remarque. Un élément de l'espace d'observation est une combinaison linéaire finie de fonctions du type $X_1^{\alpha_1} X_2^{\alpha_2} \cdots X_k^{\alpha_k} h_{c_i}$ avec $c \in \mathcal{E}$, $1 \leq i \leq p$, $k \in \mathbb{N}$, $X_1, \ldots, X_k \in \mathcal{X}$ et $\alpha_1, \ldots, \alpha_k \in \mathbb{N}$. △

On note $d\mathcal{O}(h)$ l'espace des différentielles de $\mathcal{O}(h)$. D'après les propriétés de la dérivée de Lie, $d\mathcal{O}(h)$ est le plus petit espace de 1-formes qui contient l'ensemble $\{dh_{c_1}, \ldots, dh_{c_p} : c \in \mathcal{E}\}$ et qui est invariant sous l'action des champs de vecteurs de $\mathcal{X}$. On note $d\mathcal{O}(h)(x)$ l'espace des vecteurs obtenus en évaluant les éléments de $d\mathcal{O}(h)$ en x. Le système satisfait la *condition de rang pour l'observabilité en* x° si

$$\dim d\mathcal{O}(h)(x^\circ) = n. \tag{2.11}$$

Le système satisfait la condition de rang pour l'observabilité (ou la condition d'observabilité au sens du rang) s'il la satisfait en tout point $x \in \mathcal{M}$. Cette condition, qui caractérise dans le cas linéaire l'observabilité globale, ne caractérise dans le cas non linéaire que l'observabilité locale faible.

2.17 Théorème (cf. [Hermann et Krener 1977]). *Si le système* (2.3) *satisfait la condition d'observabilité au sens du rang en* x°, *alors il est localement faiblement observable en* x°. ◇

Propriétés des entrées

Bien que nécessaire, la condition du rang ne suffit pas pour la synthèse d'observateur. En fait, l'observabilité n'implique pas que toute entrée admissible permette de discerner tous les points de l'espace d'état. Il existe des entrées dites *singulières* pour lesquelles le système variable dans le temps engendré n'est pas observable.

2.18 Exemple. Le système défini sur $\mathbb{R}^2$:

$$\dot{x}_1 = x_1 + x_2 u$$
$$\dot{x}_2 = 0$$
$$y = x_1$$

est évidemment observable au sens du rang, mais il n'est pas observable au sens de la définition 2.13. En particulier, une entrée constante $u \neq 0$ engendre un système linéaire observable, alors que l'entrée constante $u = 0$ ne permet pas de discerner les paires du type $\begin{pmatrix} x_1 \\ x_2 \end{pmatrix} \neq \begin{pmatrix} x_1 \\ x_2' \end{pmatrix}$. △

À l'autre pôle, nous avons les entrées pour lesquelles il n'existe pas de paire indiscernable.

2.19 Définition (Entrée universelle). Une entrée admissible u est dite *universelle sur l'intervalle* $[0, t]$ si pour tout couple d'états initiaux distincts $\{x^\circ, x^\bullet\}$, il existe $\tau \in [0, t]$ tel que $y_{x^\circ, u}(\tau) \neq y_{x^\bullet, u}(\tau)$. Une entrée non universelle est dite *singulière*. △

2.20 Définition (Système uniformément observable). Un système dont toutes les entrées admissibles sont universelles est dit *uniformément observable*, ou *observable pour toute entrée*. Si, pour tout $t > 0$, toutes les entrées sont universelles sur $[0, t]$, le système est dit *uniformément localement observable*. △

La classe des systèmes affines en l'état admet une caractérisation particulière des propriétés des entrées. Puisque chaque entrée admissible appliquée à un système affine en l'état engendre un système linéaire variable dans le temps, les propriétés d'une entrée fixée concernant l'observabilité peuvent être données en s'appuyant sur la caractérisation au sens de Kalman (1960) de l'observabilité du système engendré.

Notons $\Phi(t, t_0)$ la matrice de transition[1] du système $\dot{x}(t) = A(t)x(t)$, $x(t_0) =$

---
1. Pour plus de détails, se reporter à l'annexe B.

2.3 Observabilité

x°. En exploitant le concept de *dualité*, nous avons, comme pour la commandabilité [Kalman 1960], la définition suivante.

2.21 Définition. Le système (2.7) est *complètement observable* s'il existe $T > 0$ tel que, à tout instant $t \geq 0$, *le Grammien d'observabilité* du système, donné à l'instant t par

$$\Gamma(t,T) = \int_{t-T}^{t} \Phi(\tau,t)^T C(\tau)^T C(\tau) \Phi(\tau,t) \mathrm{d}\tau,$$

soit défini positif. △

2.22 Remarque. Si $\Gamma(t,T) > 0$, la connaissance de l'entrée et de la sortie pendant l'intervalle $[t-T,t]$ suffit pour *calculer* une estimation de $x(t)$. Par analogie avec le cas linéaire stationnaire [Wonham 1985, Paragraphe 3.1], si l'on pose

$$\Lambda(t,T) = \int_{t-T}^{t} \Phi(\tau,t)^T C(\tau)^T \left[y(\tau) + C(\tau) \int_{\tau}^{t} \Phi(\tau,\sigma) b(\sigma) \mathrm{d}\sigma \right] \mathrm{d}\tau,$$

on obtient l'« observateur »

$$\hat{x}(t) = \Gamma(t,T)^{-1} \Lambda(t,T). \tag{2.12}$$

Toutefois, à la différence du cas stationnaire, il n'y a rien qui empêche que le système devienne de moins en moins observable, c'est-à-dire que le Grammien tend vers une matrice singulière quand le temps tend vers infini. On peut illustrer le comportement typique d'un observateur dans une telle situation en se rapportant à l'équation (2.12), où, on peut interpréter l'augmentation indéterminée du « gain » $\Gamma(t,T)^{-1}$ comme une tentative de compensation—de la part de l'observateur—de la diminution continue de la quantité d'information apportée par y dans $\Lambda(t,T)$. △

D'après la remarque ci-dessus, il est clair que l'applicabilité d'un observateur est conditionnée par la garantie, le long du temps, d'une certaine uniformité de l'information apportée par les mesures effectuées.

2.23 Définition (Observabilité complète uniforme [Kalman 1960]). Un système variable dans le temps (2.7) est dit *complètement uniformément observable* s'il existe $T > 0$ et $\alpha_1, \alpha_2, \alpha_3, \alpha_4 > 0$ tels que, pour tout $t \geq 0$ on ait

$$\alpha_1 I_n \leq \Gamma(t,T) \leq \alpha_2 I_n$$
$$\alpha_3 I_n \leq \Phi(t-T,t)^T \Gamma(t,T) \Phi(t-T,t) \leq \alpha_4 I_n. \qquad \triangle$$

2.24 Remarque. En supposant que les matrices $A(t)$ et $C(t)$ sont bornées (ce qui sera d'ailleurs toujours le cas dans ce qui suit), les conditions de la définition 2.23 reviennent [Couenne 1990] à l'existence de $T > 0$ et $\alpha > 0$ tels que

$$\Gamma(t,T) \geq \alpha I_n. \qquad \triangle$$

La matrice $\Gamma(t,T)$ est appelée aussi *matrice d'information* [Kalman et Bucy 1961], traduisant le fait qu'elle est un indicateur de la quantité d'information qui peut être obtenue sur une fenêtre de temps de longueur T en vue de l'estimation de l'état d'un système linéaire variable dans le temps.

En revenant aux systèmes non linéaires affines en l'état, étant donnée une fonction d'entrée u, la matrice d'information du système linéaire variable dans le temps engendré, notée $\Gamma_u(t,T)$, en caractérise l'universalité. Plus précisément, la plus petite valeur propre de $\Gamma_u(t,T)$, notée $\gamma_u(t,T)$, représente un indice d'universalité pour l'entrée u.

Ainsi, on dit qu'une entrée u est universelle sur $[0,t]$ pour (2.4) si $\gamma_u(t,t) > 0$. Si $0 < t_1 < t_2$, alors une entrée universelle sur $[0,t_1]$ est aussi universelle sur $[t_1,t_2]$. Néanmoins, cette entrée n'est pas forcement universelle sur $[t_1,t_2]$. Par conséquent, une perturbation qui arrive à un instant entre t_1 et t_2 peut ne pas influencer la sortie. Pour que l'observateur réagisse de manière convenable en présence de perturbations, on doit garantir l'observabilité complète uniforme du système, et pour ce faire, on a besoin d'entrées *régulièrement persistantes*.

2.25 Définition (Entrée régulièrement persistante [Bornard et al. 1993]). Une fonction d'entrée u est dite *régulièrement persistante* pour le système (2.4) s'il existe $T > 0$ et $\alpha > 0$ tels que $\gamma_u(t,T) \geq \alpha$ pour tout t. $\qquad \triangle$

On peut également utiliser un concept d'entrée régulièrement persistante pour certains systèmes affines en l'état perturbées par une non linéarité à structure particulière, dans le but de construire un observateur en s'appuyant seulement sur la partie linéaire du système. On reviendra à ce sujet au chapitre 6.

2.4 Sous-systèmes

L'objectif de ce paragraphe est de donner une caractérisation mathématique précise de la notion de *sous-système*[2] au sens où le comportement entrée-sortie d'un système se retrouve dans le comportement entrée-sortie d'un autre système. Comme suggéré par le terme employé, on considère qu'un système est d'ordre inférieur à l'ordre du système dont il est sous-système. On parle d'un sous-système comme d'un système *immergé*. De manière inverse, on dit qu'un système qui possède des sous-systèmes peut être *submergé* dans l'un de ces (sous-)systèmes.

Immersions

Comme il a été déjà mentionné, on s'intéresse à l'immersion dans l'intention de construire un observateur. Notamment, on souhaite que le système à observer soit sous-système d'un système qui facilite la synthèse d'un observateur.

2.26 Exemple. Considérons le système linéaire

$$\dot{x} = -x + u$$
$$y = x + v$$

où v est un biais de mesure, supposé inconnu, mais constant. En vue de la construction d'un observateur, l'approche usuelle dans une telle situation est l'extension dynamique du système en considérant le biais comme variable d'état.

---

2. Cette terminologie a été empruntée de [Fliess et Kupka 1983].

Ainsi, le système original est immergé dans le système du deuxième ordre

$$\dot{x}_1 = -x_1 + u$$
$$\dot{x}_2 = 0$$
$$y = x_1 + x_2.\qquad\triangle$$

Avant de donner la définition concrète de l'immersion des systèmes dynamiques, rappelons comment l'immersion est définie en tant que notion de la géométrie différentielle.

2.27 Définition (Immersion et submersion de variétés). Une application différentiable entre deux variétés, $\tau\colon \mathcal{M} \to \mathcal{M}'$, est une *immersion* (respectivement une *submersion*) si son rang est égal à $n = \dim \mathcal{M}$ (respectivement à $n' = \dim \mathcal{M}'$) en tout point. Si τ est une immersion injective, elle définit une correspondance bijective entre $\mathcal{M}$ et le sous-ensemble $\mathcal{M}'' = \tau(\mathcal{M})$ de $\mathcal{M}'$. Par l'intermédiaire de cette correspondance, $\mathcal{M}$ détermine sur $\mathcal{M}''$ une topologie et un atlas, ce qui fait appeler $\mathcal{M}''$ une *sous-variété* (ou sous-variété immergée). En outre, dans ce cas, $\tau\colon \mathcal{M} \to \mathcal{M}''$ est un difféomorphisme. $\triangle$

Il convient de mentionner aussi la notion plus forte de *plongement*.

2.28 Définition (Plongement). On appelle *plongement* une immersion injective $\tau\colon \mathcal{M} \to \mathcal{M}'$ qui est un homéomorphisme de $\mathcal{M}$ dans $\mathcal{M}'$ ou, autrement dit, un homéomorphisme de $\mathcal{M}$ sur son image $\mathcal{M}'' = \tau(\mathcal{M})$ en considérant la topologie de $\mathcal{M}''$ en tant que sous-espace de $\mathcal{M}'$. $\triangle$

Note. Toute immersion injective est localement un plongement.

Puisque le rang de l'application τ est inférieur à $\min(n, n')$ en tout point, si τ est une immersion alors $n \leq n'$, tandis que si τ est une submersion alors $n \geq n'$. Comme nous l'avons déjà souligné, dans le cas des systèmes dynamiques on s'intéresse surtout à l'immersion. Nous avons la formulation suivante.

2.29 Définition (Immersion de systèmes). Soit $S = (\mathcal{M}, \mathcal{X}, h)$ et $S' = (\mathcal{M}', \mathcal{X}', h')$ deux systèmes tels que toute fonction d'entrée qui est admissible pour S est éga-

2.4 Sous-systèmes

lement admissible pour S'. Le système S est *immergeable* dans le système S' s'il existe une application de classe C^∞, $\tau\colon \mathcal{M} \to \mathcal{M}'$, telle que :

(i) Pour toute paire $(p,q) \in \mathcal{M} \times \mathcal{M}$, $h(p) \neq h(q)$ implique $h'(\tau(p)) \neq h'(\tau(q))$;

(ii) Pour toute paire $(p,u) \in \mathcal{M} \times \mathcal{L}_{\mathcal{E}}^\infty(\mathbb{R}^+)$, le domaine de définition de $y'_{\tau(p),u}$ inclut le domaine de définition de $y_{p,u}$ et sur l'intersection de ces deux domaines, $y_{p,u}$ et $y'_{\tau(p),u}$ se confondent.

Dans cette situation, l'application τ est une *immersion* de systèmes et le système S peut être représenté en tant que *sous-système* de S'. △

D'après la définition 2.29, l'immersion de systèmes τ n'est pas nécessairement une immersion d'espaces d'état au sens de la définition 2.27, donc il est d'autant moins possible d'établir une relation entre les trajectoires d'état de S et S'. Cependant, pour l'usage de l'immersion que l'on envisage ici, on est fort intéressé par l'existence d'une relation convenable entre ces deux trajectoires. En fait, à chaque fois quand la synthèse d'un observateur passe par la transformation du système dans une forme qui permet la caractérisation formelle des conditions de stabilité et de convergence, il est nécessaire d'aborder aussi le problème de la transformation inverse des éventuelles trajectoires estimées (si les propriétés d'observabilité en garantissent l'existence).

En particulier, on souhaite qu'à toute trajectoire estimée il corresponde, au moins localement, une trajectoire unique dans les coordonnées originelles. Cette condition concerne aussi les propriétés d'observabilité, car il est clair que deux systèmes qui ont le même comportement entrée-sortie et dont les trajectoires d'état sont en correspondance bijective tant qu'elles évoluent dans un certain domaine, partagent les mêmes propriétés d'observabilité sur le domaine en question.

Note. Généralement, la synthèse de l'observateur utilise des propriétés d'observabilité spécifiques à la représentation (forme particulière) obtenue après transformation, qui ne peuvent pas être vérifiées a priori en s'appuyant sur la représentation avant transformation.

L'existence de la transformation inverse et la préservation des propriétés d'observabilité sont donc deux problèmes intimement liés et il s'avère que si l'on veut espérer à une solution convenable, une immersion de systèmes doit être tout d'abord une immersion de variétés. En particulier, on s'appuie sur le résultat suivant, adapté du théorème IV.5.7 dans [Boothby 2003].

2.30 Théorème. *Soient X un champ de vecteurs C^∞ défini sur une variété $\mathcal{M}$, $\tau\colon \mathcal{M} \to \mathcal{M}'$ une immersion injective et Y un champ de vecteurs C^∞ défini sur la sous-variété immergée $\tau(\mathcal{M})$. Alors $\tau_*(X) = Y$ si et seulement si $\tau(\Phi^X(t,p)) = \Phi^Y(t,\tau(p))$ à chaque fois que tous les deux termes de l'égalité sont définis.* ◇

Démonstration. Supposons que $\tau_*(X) = Y$. Si $\Phi_p : I_p \to \mathcal{M}$ est la courbe intégrale de X qui satisfait $\Phi_p(0) = p$, alors son image par le difféomorphisme τ est une courbe intégrale de $\tau_*(X)$. (On peut imaginer les deux courbes comme deux variétés difféomorphes et nous avons que l'image par τ_* de tout vecteur tangent à la première courbe est vecteur tangent de la deuxième.) Étant donné que $\tau_*(X) = Y$ et que la courbe intégrale de Y qui passe par le point $\tau(\Phi_p(0)) = \tau(p)$ est unique, il s'ensuit que $\tau(\Phi^X(t,p)) = \Phi^Y(t,\tau(p))$.

Pour la preuve de la suffisance, soit $\left(\frac{\mathrm{d}}{\mathrm{d}t}\right)_0$ la base de $T_0(\mathbb{R})$. Nous avons alors $X_p = \dot{\Phi}_p^X(0) = \Phi_{p*}^X\left(\frac{\mathrm{d}}{\mathrm{d}t}\right)_0$. Si l'on applique τ_* à cette définition, il vient

$$\tau_*(X_p) = (\tau_* \circ \Phi_{p*}^X)\left(\tfrac{\mathrm{d}}{\mathrm{d}t}\right)_0 = (\tau \circ \Phi_p^X)_*\left(\tfrac{\mathrm{d}}{\mathrm{d}t}\right)_0 = \Phi_{\tau(p)*}^Y\left(\tfrac{\mathrm{d}}{\mathrm{d}t}\right)_0 = Y_{\tau(p)}. \qquad \square$$

Considérons un système $(\mathcal{M}, \mathfrak{X}, h)$ et supposons que $\tau\colon \mathcal{M} \to \mathcal{M}'$ est une immersion de variétés. Cette application est alors *localement* injective. Soit V un sous-ensemble ouvert de $\mathcal{M}$ sur lequel τ est injective et $V' = \tau(V)$ l'image de cet ensemble dans $\mathcal{M}'$. L'application $\tau\colon V \to V'$ est un difféomorphisme et pour tout champ de vecteurs X défini sur V elle détermine de manière unique un champ de vecteurs X' sur V', tel que la relation $\tau_*(X_p) = X'_{\tau(p)}$ soit satisfaite pour tout $p \in V$. De plus, pour tout $p \in V$, les flots des champs de vecteurs X et X' par p, respectivement $\tau(p)$, satisfont la relation

$$\tau \circ \Phi_p^X = \Phi_{\tau(p)}^{X'}. \qquad (2.13)$$

2.4 Sous-systèmes

Vu que $\tau\colon V \to V'$ est un difféomorphisme nous pouvons toujours définir une application $h'\colon V' \to \mathcal{S}$ telle que, pour tout $p \in V$, $h(p) = h'(\tau(p))$. Nous avons donc sur V,

$$h \circ \Phi_p^X = h' \circ \tau \circ \Phi_p^X = h' \circ \Phi_{\tau(p)}^{X'}.$$

Par conséquent, si l'application τ_* est utilisée pour générer sur V' une famille de champs de vecteurs $\mathcal{X}'$ à partir de la famille $\mathcal{X}$, le comportement entrée-sortie du système $(V, \mathcal{X}, h)$ initialisé à tout $p \in V$ est reproduit par le système $(V', \mathcal{X}', h')$ si ce dernier est initialisé à $\tau(p)$.

Cependant, nous rappelons que pour doter V' d'une topologie et d'un atlas, nous avons utilisé la correspondance bijective $\tau\colon V \to V'$, c'est-à-dire nous avons créé des cartes du type (U', ϕ') à partir de cartes du type (U, ϕ) de l'atlas de V en posant $U' = \tau(U)$ et $\phi' = \phi \circ (\tau|U)^{-1}$. Il s'ensuit que les dimensions des variétés V et V' coïncident et il en va de même pour les ordres des systèmes $(V, \mathcal{X}, h)$ et $(V', \mathcal{X}', h')$.

Dans certain cas, on peut se contenter avec la nouvelle représentation du système, bien qu'une immersion ne soit pas effectuée dans cet esprit ; une transformation d'équivalence aurait suffit. L'idée de l'immersion est d'exploiter les structures qui font de $\mathcal{M}'$ une variété différentiable : sa topologie et son atlas. Évidemment, pour tout $p \in V$ nous pouvons exprimer les vecteurs tangents de la famille $\mathcal{X}'$ à $\tau(p)$ en fonction d'une base de l'espace $T_{\tau(p)}(\mathcal{M}')$, mais en procédant de cette manière nous n'obtenons pas forcement un champ de vecteurs qui soit la restriction à V' d'un champ de vecteurs C^∞ défini sur $\mathcal{M}'$. Un tel champ de vecteurs ne peut s'obtenir que si V est difféomorphe à V' considérée avec sa topologie en tant que sous-espace de $\mathcal{M}'$, ou de manière équivalente, si $\tau|V$ est un *plongement*. Vu que pour toute immersion de variétés $\tau\colon \mathcal{M} \to \mathcal{M}'$ chaque $p \in \mathcal{M}$ possède un voisinage V tel que $\tau|V$ est un plongement, nous pouvons rassembler les faits exposés ci-dessus dans la proposition suivante.

2.31 Proposition. *Soit $(\mathcal{M}, \mathcal{X}, h)$ un système, $\dim \mathcal{M} = n$. Pour toute immersion de variétés $\tau\colon \mathcal{M} \to \mathcal{M}'$, $\dim \mathcal{M}' = n' > n$, tout point $p \in \mathcal{M}$ possède un voisinage V tel que τ détermine un système unique $(V', \mathcal{X}', h')$ d'ordre n' dont*

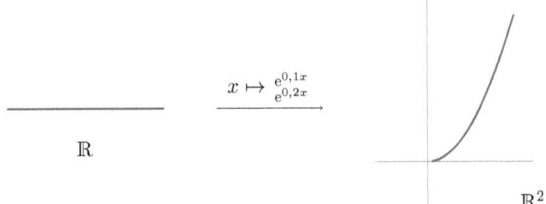

FIGURE 2.1 – Plongement de $\mathbb{R}$ dans $\mathbb{R}^2$.

le système $(V, \mathcal{X}, h)$ est sous-système ; de plus les trajectoires internes des deux systèmes sont en bijection, si initialisées en p et $\tau(p)$ respectivement. ◊

Interprétation géométrique de l'immersion

Dans le but d'illustrer de manière intuitive le fait qu'un immersion « convenable » de systèmes revient avant tout à une transformation de l'espace d'état, considérons le système suivant défini sur $\mathbb{R}$:

$$\dot{x} = e^{-0,1x}$$
$$y = e^{0,2x}.$$

Ensuite, supposons que l'espace d'état de ce système est *déformé*, puis *inclus* en $\mathbb{R}^2$, de la façon présentée dans la figure 2.1. Si l'on projète par la même transformation le champ de vecteur qui décrit la dynamique du système, et on utilise des champs de vecteurs de $\mathbb{R}^2$ restreints à l'image de l'espace d'état initial, la dynamique du système dans l'espace déformée possède une représentation linéaire, à savoir :

$$\dot{\tau}_1 = 0,1$$
$$\dot{\tau}_2 = 0,2\tau_1$$
$$y = \tau_2.$$

2.4 Sous-systèmes

Quelques remarques sur les submersions

Il existe des situations où, pour une représentation donnée, toute la dynamique n'est pas observable et afin de pouvoir synthétiser un observateur on souhaite trouver une autre représentation qui possède le même comportement entrée-sortie et qui soit en plus observable.

Il se trouve qu'une telle représentation peut s'obtenir suite à une *submersion* de la représentation initiale. Il est clair que l'ordre de la représentation obtenue sera inférieur à l'ordre de la représentation de départ. Par conséquent, les trajectoires internes dans les deux représentation ne peuvent pas être difféomorphes, mais ceci n'est dû qu'au fait que l'estimation de la dynamique dans la nouvelle représentation est le maximum qui peut être obtenu à partir de l'information entrée-sortie dont on dispose.

En premier lieu, mentionnons que tout système linéaire

$$\dot{x} = Ax + Bu$$
$$y = Cx$$

défini sur $\mathcal{M} \subset \mathbb{R}^n$ peut être submergé dans un système observable. De manière concrète, on utilise le fait que l'indiscernabilité est une relation d'équivalence avec laquelle on peut « factoriser » l'espace d'état $\mathcal{M}$. En effet, si l'on définit

$$\mathcal{N} := \bigcap_{i=1}^{n} \mathrm{Ker}(CA^{i-1}),$$

un couple d'états distincts $\{x^\circ, x^\bullet\}$ est indiscernable si et seulement si $x^\circ - x^\bullet \in \mathcal{N}$. La submersion que l'on cherche est donnée alors par la surjection canonique $P: \mathcal{M} \to \mathcal{M}/\mathcal{N}$, car si A' est l'application unique déterminée par A sur $\mathcal{M}/\mathcal{N}$, $B' = PB$ et C' est l'application unique qui satisfait $C'P = C$, alors le système défini sur $\mathcal{M}/\mathcal{N}$

$$\dot{z} = A'z + B'u$$
$$y = C'z$$

est observable et possède le même comportement entrée-sortie que le système initial [Wonham 1985].

En ce qui concerne les systèmes non linéaires de la forme générale (2.3), une submersion en procédant de manière analogue n'est possible que sous certaines hypothèses ; une bonne discussion sur ce sujet est disponible dans [Hermann et Krener 1977]. Dans ce qui suit, on rappelle—de manière brève—les aspects les plus importants.

Tout d'abord, mentionnons que dans le cas des systèmes non linéaires, l'indiscernabilité n'est une relation d'équivalence que si le système est complet. De plus, une relation d'équivalence R donnée sur $\mathcal{M}$ n'est pas forcement telle que l'espace quotient correspondant avec la topologie quotient soit séparé et admette un atlas de façon que la surjection canonique soit une submersion—condition nécessaire pour qu'elle puisse être utilisée pour définir de manière unique un système C^∞ sur l'espace quotient à partir du système de départ (par analogie avec le cas linéaire).

Premièrement, en ce qui concerne la propriété de l'espace quotient d'être séparé, la condition nécessaire et suffisante est que la relation d'équivalence R considérée soit fermée (l'ensemble $\{(x^\circ, x^\bullet) : x^\circ R x^\bullet\}$ soit fermé dans le produit cartésien $\mathcal{M} \times \mathcal{M}$). Pour tout système C^∞ complet, l'indiscernabilité est bien une relation d'équivalence fermée.

Quant à la compatibilité entre la projection canonique et l'atlas sur l'espace quotient, une condition nécessaire et suffisante est que l'inclusion de l'ensemble $\{(x^\circ, x^\bullet) : x^\circ R x^\bullet\}$ dans $\mathcal{M} \times \mathcal{M}$ soit un plongement et de plus l'application définie sur cet ensemble et à valeurs dans $\mathcal{M}$, $(x^\circ, x^\bullet) \mapsto x^\circ$ soit une submersion. La relation d'équivalence est appelée alors *régulière*. On note qu'en général, l'indiscernabilité en tant que relation d'équivalence n'est pas forcement régulière.

Sussman (1975) a montré que si un système dans une représentation S donnée sur $\mathcal{M}$ est dans un certain sens « contrôlable » et en plus il est soit analytique, soit symétrique (pour tout $c \in \mathcal{E}$ il existe $e \in \mathcal{E}$ tel que $f(x, c) = -f(x, e)$ pour tout $x \in \mathcal{M}$) alors la relation d'indiscernabilité qui y est associée est une relation d'équivalence fermée et régulière. De plus, il existe une représentation S' sur l'espace quotient $\mathcal{M}/I$ qui est observable et possède le même comportement entrée-sortie que la représentation originale. Quand S est analytique, S'

2.4 Sous-systèmes

est localement observable.

Hermann et Krener (1977) s'intéressent particulièrement à la submersion du système S dans le cas où la dimension de la codistribution $d\mathcal{O}(h)$ est constante (égale à k) sur $\mathcal{M}$. Puisque sous cette hypothèse l'indiscernabilité n'est pas forcement une relation d'équivalence régulière, les auteurs s'appuient sur une relation d'*indiscernabilité forte*, définie comme suit : un couple $\{x^\circ, x^\bullet\}$ est *fort indiscernable* (ou $x^\circ FI x^\bullet$) s'il existe une courbe continue $\sigma\colon [0,1] \to \mathcal{M}$ telle que $\sigma(0) = x^\circ$, $\sigma(1) = x^\bullet$ et $x^\circ FI \sigma(s)$ pour tout $s \in [0,1]$. L'indiscernabilité forte est une relation d'équivalence qui, sous l'hypothèse que la dimension de $d\mathcal{O}(h)$ est constante sur $\mathcal{M}$, est également régulière.

Il existe alors un système S' sur la variété de dimension k pas forcement séparée $\mathcal{M}' = \mathcal{M}/FI$, qui est localement faiblement observable et qui possède le même comportement entrée-sortie que S. Mentionnons que S' hérite des propriétés de contrôlabilité de S et que sous l'hypothèse de contrôlabilité locale faible, $\mathcal{M}'$ est aussi un espace séparé.

Au chapitre 6 on reviendra au sujet de la submersion sous l'hypothèse de régularité de la codistribution $d\mathcal{O}(h)$, avec quelques détails sur la submersion d'un système de la forme particulière affine en l'entrée défini sur $\mathbb{R}^n$.

3 Immersion et observation

Dans ce chapitre on présente quelques résultats existants sur l'immersion des systèmes non linéaires avec application à la synthèse d'observateurs. On accorde une importance particulière à l'immersion dans une forme affine en l'état, notamment aux résultats qui ont un certain rapport avec nos contributions présentées au chapitre 4. L'existence d'un observateur non linéaire de systèmes affines en l'état qui possède de bonnes propriétés, justifie dans un premier temps notre intérêt pour l'immersion dans un système de telle forme.

3.1 Observation des systèmes affines en l'état

Formulation en temps continu

Comme la plupart des systèmes non linéaires, un système affine en l'état n'est en général pas dépourvu d'entrées singulières. Cependant, un système affine en l'état possède l'avantage de pouvoir se prêter à la caractérisation de la « qualité » de l'entrée appliquée, en exploitant le Grammien d'observabilité spécifique aux systèmes linéaires variables dans le temps. De plus, il s'avère que la condition qui fait que l'entrée soit considérée *régulièrement persistante*, peut s'utiliser pour construire un observateur du type de celui de Kalman et Bucy (1961). Ce résultat, bien qu'initialement présenté dans [Bornard et al. 1988] comme solution au problème d'observation des systèmes bilinéaires, possède une applicabilité immédiate aux systèmes affines en l'état en général [Couenne 1990].

3.1 Théorème (Observateur à facteur d'oubli exponentiel, cf. [Couenne 1990]).

3.1 Observation des systèmes affines en l'état

Étant donné un système affine en l'état

$$\dot{x} = A(u)x + b(u)$$
$$y = C(u)x,$$

pour toute entrée u régulièrement persistante telle que $A(u)$, $b(u)$ et $C(u)$ restent bornés, le système

$$\begin{aligned}\dot{\hat{x}} &= A(u)\hat{x} + b(u) - S^{-1}C(u)^T Q(C(u)\hat{x} - y), \quad \hat{x}(0) = \hat{x}_0 \\ \dot{S} &= -\lambda S - SA(u) - A(u)^T S + C(u)^T QC(u), \quad S(0) = S_0\end{aligned} \quad (3.1)$$

avec S_0, Q symétriques définies positives et $\lambda > 0$, est un observateur exponentiel pour toute condition initiale $\hat{x}_0$, à vitesse de convergence qui peut être choisie arbitrairement grande à travers le paramètre de réglage λ. ◊

Il est possible de montrer que l'observateur (3.1) s'obtient dans le cas particulier $b(u) \equiv 0$ comme solution d'un problème d'optimisation dont la définition utilise le fait qu'à partir d'une estimation de x à l'instant t il est possible d'obtenir une estimation de la condition initiale du système, par inversion de la matrice de transition qui correspond au système linéaire variable dans le temps engendré par u; en fait, nous avons $\hat{x}_0^t = \Phi_u(0,t)\hat{x}(t)$. L'observateur (3.1) s'obtient alors en minimisant par rapport à $\hat{x}_0^t$ le critère suivant :

$$J(t, \hat{x}_0^t) = e^{-\lambda t}\left[e^{\lambda t_0}\|\hat{x}_0^t - \hat{x}_0\|_{S_0}^2 + \int_0^t e^{\lambda \tau}\|y(\tau) - C(\tau)\Phi(\tau,0)\hat{x}_0^t\|_Q^2 \mathrm{d}\tau\right] \quad (3.2)$$

où $\|x\|_Q = \sqrt{x^T Q x}$.

3.2 Remarque. Il est clair que l'observateur (3.1) peut s'adapter sans problème à la classe des systèmes affines en l'état modulo injection de sortie (2.8), l'applicabilité étant conditionné, comme dans le cas du système considéré dans le théorème 3.1, par l'observabilité complète uniforme du système linéaire variable dans le temps engendré par les signaux mesurés (dans ce cas, u et y). △

Formulation en temps discret

On s'intéresse dans ce qui suit à l'équivalent en temps discret de l'observateur à facteur d'oubli exponentiel, applicable aux systèmes linéaires variables dans le temps de la forme

$$\begin{aligned} x_{k+1} &= A_k x_k + b_k \\ y_k &= C_k x_k. \end{aligned} \quad (3.3)$$

Un système de cette forme peut s'obtenir, par exemple, en fixant la fonction d'entrée de l'équivalent en temps discret d'un système affine en l'état (éventuellement modulo injection de sortie) où bien par discrétisation d'un système linéaire variable dans le temps, qui peut à son tour s'obtenir à partir d'un système affine en l'état pour une entrée fixée.

3.3 Théorème (cf. [Besançon 1996]). *Étant donné un système* (3.3) *complètement uniformément observable, le système*

$$\begin{aligned} \hat{x}_{k+1} &= A_k \hat{x}_k + b_k - A_k P_k C_k^T (C_k P_k C_k^T + R)^{-1}(C_k \hat{x}_k - y_k) \\ P_{k+1} &= \lambda^{-1}[A_k P_k A_k^T - A_k P_k C_k^T (C_k P_k C_k^T + R)^{-1} C_k P_k A_k^T] \end{aligned} \quad (3.4)$$

avec P_0, R *symétriques définies positives et* $0 < \lambda < 1$, *est un observateur exponentiel pour toute condition initiale* $\hat{x}_0$, *dont la vitesse de convergence peut être choisie arbitrairement grande par l'intermédiaire du paramètre de réglage* λ. ◊

Comme dans le cas continu, l'observateur (3.4) s'obtient en minimisant un critère par rapport à l'estimation de la condition initiale du système obtenue après k itérations, $\hat{x}_0^k$; le critère en question est précisément l'homologue en temps discret du critère (3.2) :

$$J(k, \hat{x}_0^k) = \lambda^{k-1} \|\hat{x}_0^k - \hat{x}_0\|_{P_0^{-1}}^2 + \sum_{l=0}^{k-1} \lambda^{k-1-l} \|y(l) - C(l)\Phi(l,0)\hat{x}_0^k\|_{R^{-1}}^2$$

où la matrice de transition du système (3.3) est définie pour $k > k_0$ par

$$\Phi(k, k_0) = A(k-1) \cdot \ldots \cdot A(k_0) \qquad \Phi(k_0, k_0) = I_n.$$

Une analyse complète de cet observateur est disponible dans [Țiclea et Besançon 2013].

3.4 Remarque. Il est noté par Couenne (1990) que pour un système linéaire variable dans le temps qui est en même temps uniformément complètement observable et uniformément complètement commandable, l'observateur à facteur d'oubli exponentiel et la version déterministe du filtre de Kalman et Bucy (1961) montrent des performances similaires en présence de perturbations. La différence, remarquée également par Besançon (1996) en ce qui concerne la version discrète, est que l'introduction du facteur d'oubli λ permet de s'affranchir de l'hypothèse de commandabilité complète uniforme. △

3.2 Immersion dans une forme affine en l'état

Immersion sans injection de sortie

Le premier résultat sur l'immersion des systèmes non linéaires dans une forme affine en l'état est dû à Fliess (1982) pour les systèmes analytiques affines en l'entrée, comme application de la théorie des fonctionnelles causales non linéaires, également due à Fliess (1981).

Puisque le système de départ est affine en l'entrée, l'immersion se fait dans un système bilinéaire, la condition nécessaire et suffisante pour que ce type d'immersion soit possible étant que l'espace d'observation du système à immerger soit de dimension finie. La démonstration de cette affirmation s'appuie d'une part sur le fait que la sortie d'un système analytique est une fonctionnelle causale des composantes de l'entrée u, de série génératrice dont le coefficients sont éléments de l'espace d'observation, et d'autre part sur le fait que pour tout système bilinéaire l'espace d'observation est de dimension finie.

Il se trouve que la condition de finitude de l'espace d'observation peut s'utiliser également dans le cas général des systèmes C^∞ pas nécessairement affines en l'entrée ; en particulier, nous avons le résultat suivant :

3.5 Théorème (cf. [Fliess et Kupka 1983]).

(i) Si l'espace d'observation d'un système $(\mathcal{M}, \mathcal{X}, h)$ est de dimension finie, le système peut s'immerger dans un système affine en l'état.

(ii) Si le système $(\mathcal{M}, \mathcal{X}, h)$ est en plus affine en l'entrée, le système résultant est bilinéaire.

(iii) Si la classe des entrées admissibles contient les entrées constantes par morceaux, la condition d'immersibilité est également nécessaire. ◊

La principale caractéristique de l'immersion effectuée sous les conditions de ce théorème est que l'ordre du système obtenu après immersion est égal à la dimension de l'espace d'observation du système original. Quelques éléments de la preuve de suffisance se révèlent utiles pour la construction de l'immersion.

Puisque $\mathcal{O}(h)$ est de dimension finie, chaque élément de cet espace s'écrit comme combinaison $\mathbb{R}$-linéaire d'éléments de base. Notons $\mathcal{L}(\mathcal{X})$ l'algèbre de Lie générée par les champs de vecteurs de la famille $\{\mathcal{X}_c : c \in \mathcal{E}\}$.[1] Vu que l'espace d'observation est stable sous l'action (à travers la dérivée de Lie) des éléments de $\mathcal{L}(\mathcal{X})$, nous pouvons donner à l'action de $\mathcal{L}(\mathcal{X})$ sur $\mathcal{O}(h)$ une représentation $\mathbb{R}$-linéaire par l'intermédiaire d'une application $\theta \colon \mathcal{L}(\mathcal{X}) \to \mathrm{End}(\mathcal{O}(h))$. D'autre part, chaque endomorphisme linéaire dans $\mathcal{O}(h)$ détermine un endomorphisme linéaire unique dans l'espace dual $\mathcal{O}(h)^*$. Par conséquent, il existe une action « naturelle » de $\mathcal{L}(\mathcal{X})$ sur $\mathcal{O}(h)^*$ à laquelle il correspond une représentation $\mathbb{R}$-linéaire donnée par une application $\rho \colon \mathcal{L}(\mathcal{X}) \to \mathrm{End}(\mathcal{O}(h)^*)$ telle que, si $X \in \mathcal{L}(\mathcal{X})$, alors l'application $\rho(X)$ est l'application duale de $\theta(X)$, c'est-à-dire, si $l \in \mathcal{O}(h)$, $\lambda \in \mathcal{O}(h)^*$, alors $(\rho(X)\lambda)[l] = \lambda(\theta(X)l)$.

En vertu de cette dernière égalité, puisque l est également un élément de l'espace dual double $\mathcal{O}(h)^{**} \equiv \mathcal{O}(h)$, l'endomorphisme $\rho(X)$ détermine sur $\mathcal{O}(h)^*$ un champ de vecteurs linéaire. Le système est immergé alors dans un système dont l'espace d'état est $\mathcal{O}(h)^*$, l'immersion $\tau \colon \mathcal{M} \to \mathcal{O}(h)^*$ étant définie comme suit : si $p \in \mathcal{M}$ et $l \in \mathcal{O}(h)$, alors $\tau(p)[l] = l(p)$. Dans la nouvelle représentation, la dynamique sur $\mathcal{O}(h)^*$ est déterminée par les champs de vecteurs linéaires as-

---

1. Il s'agit de l'espace vectoriel sur $\mathbb{R}$ engendré par les champs de vecteurs de la famille $\{\mathcal{X}_c : c \in \mathcal{E}\}$, muni du crochet de Lie.

3.2 Immersion dans une forme affine en l'état

sociés aux endomorphismes $\{\rho(\mathfrak{X}_c) : c \in \mathcal{E}\}$, tandis que l'application de sortie $h': \mathcal{O}(h)^* \to \mathcal{S}$ est définie telle que $h' \circ \tau = h$.

On note que la connaissance d'une base de $\mathcal{O}(h)$ suffit pour construire l'immersion. Effectivement, la définition de l'immersion τ est telle que les composantes de $\tau(p)$ dans la base duale sont égales aux composantes de la base de $\mathcal{O}(h)$ évaluées en p. D'autre part, dans le but de déterminer comment un vecteur tangent en p de la famille $\mathfrak{X}$ est projeté dans l'espace tangent en $\tau(p)$, on peut vérifier facilement que l'endomorphisme $\rho(X)$ appliqué à $\tau(p)$ a pour résultat un élément de $\mathcal{O}(h)^*$ dont les composantes sont les résultats, évalués en p, de l'application de l'endomorphisme $\theta(X)$ aux composantes de la base de $\mathcal{O}(h)$.

3.6 Exemple ([Fliess 1982, Fliess et Kupka 1983]). On considère le système

$$\dot{x} = f_0(x) + f_1(x)u = ax - bx^\alpha + xu$$
$$y = h(x) = \frac{1}{x^{\alpha-1}} \qquad \alpha \in \mathbb{N},\ \alpha \geq 2$$

pour lequel l'espace d'état est $\mathbb{R}\setminus\{0\}$ et $u, y \in \mathbb{R}$. Une base de $\mathcal{O}(h)$ est $\{1, \frac{1}{x^{\alpha-1}}\}$. On définit

$$\tau \colon \mathbb{R} \setminus \{0\} \to \mathbb{R}^2 \qquad\qquad x \mapsto \begin{bmatrix} 1 \\ \frac{1}{x^{\alpha-1}} \end{bmatrix}.$$

Pour déterminer comment les champs de vecteurs f_0 et f_1 sont projetés par l'immersion τ, on procède comme indiqué ci-dessus :

$$\begin{bmatrix} L_{f_0} 1 \\ L_{f_0} \frac{1}{x^{\alpha-1}} \end{bmatrix} = \begin{bmatrix} 0 \\ b(\alpha-1) + \frac{a(1-\alpha)}{x^{\alpha-1}} \end{bmatrix} = \begin{bmatrix} 0 & 0 \\ b(\alpha-1) & a(1-\alpha) \end{bmatrix} \begin{bmatrix} 1 \\ \frac{1}{x^{\alpha-1}} \end{bmatrix},$$

$$\begin{bmatrix} L_{f_1} 1 \\ L_{f_1} \frac{1}{x^{\alpha-1}} \end{bmatrix} = \begin{bmatrix} 0 \\ \frac{1-\alpha}{x^{\alpha-1}} \end{bmatrix} = \begin{bmatrix} 0 & 0 \\ 0 & 1-\alpha \end{bmatrix} \begin{bmatrix} 1 \\ \frac{1}{x^{\alpha-1}} \end{bmatrix}.$$

Le système original est donc sous-système du système bilinéaire

$$\dot{z} = \begin{bmatrix} 0 & 0 \\ b(\alpha-1) & a(1-\alpha) \end{bmatrix} z + u \begin{bmatrix} 0 & 0 \\ 0 & 1-\alpha \end{bmatrix} z$$
$$y = \begin{bmatrix} 0 & 1 \end{bmatrix} z.$$

△

Utilisation de l'injection de sortie

La condition de finitude de l'espace d'observation est assez forte et rarement satisfaite en pratique, même par des systèmes « simples », comme montré par l'exemple suivant.

3.7 Exemple. On vérifie facilement, en calculant les dérivées successives de l'application de sortie le long du champ de vecteurs qui décrit la dynamique, que le système

$$\begin{aligned} \dot{x}_1 &= x_2 \\ \dot{x}_2 &= x_1 x_2 \\ y &= x_1 \end{aligned} \qquad (3.5)$$

possède un espace d'observation de dimension infinie. △

Dans certains cas, il est néanmoins possible d'immerger un système qui ne possède pas un espace d'observation de dimension finie dans un système affine en l'état, en faisant recours à l'injection de sortie.

On présente ici une approche due à Hammouri et Celle (1991), qui exploite une idée qui ne diffère pas beaucoup de l'idée utilisée précédemment, car elle s'appuie toujours sur une condition de finitude relative à l'espace d'observation. Plus précisément, en considérant un système analytique, autonome mono-sortie défini sur $\mathbb{R}^n$

$$\begin{aligned} \dot{x} &= f(x) \\ y &= h(x), \end{aligned} \qquad (3.6)$$

la condition est que l'espace d'observation soit toujours formé de combinaisons linéaires dans un ensemble de base de dimension finie, mais à coefficients dans l'espace des fonctions de h, en particulier dans $\mathcal{A}(h)$—l'anneau des fonctions du type $l \circ h$, où $l \in C^\omega(\mathcal{S})$ (l'ensemble des fonctions analytiques définies sur $\mathcal{S}$ à valeurs dans $\mathbb{R}$). Si réalisable, l'immersion se fait dans un sous-espace du

3.2 Immersion dans une forme affine en l'état

dual de l'espace d'observation, la nouvelle représentation du système étant

$$\dot{z} = \begin{bmatrix} 0 & 1 & 0 & \cdots & 0 \\ \vdots & \ddots & \ddots & \ddots & \vdots \\ \vdots & & \ddots & 1 & 0 \\ 0 & \cdots & \cdots & 0 & 1 \\ a_1(y) & & \cdots & & a_N(y) \end{bmatrix} z + \begin{bmatrix} 0 \\ \vdots \\ 0 \\ 0 \\ \varphi_N(y) \end{bmatrix} \quad (3.7)$$

$$y = z_1,$$

avec $N \geq n$. Toutefois, aucune indication sur l'existence de N (et d'autant moins sur sa valeur) n'est disponible a priori. Concrètement, nous avons le résultat suivant :

3.8 Théorème (cf. [Hammouri et Celle 1991]). *Si le système (3.6) satisfait les conditions*

(i) il existe un entier N tel que h, $L_f h$, ..., $L_f^{N-1} h$ soit $\mathcal{A}(h)$-linéairement indépendants ;

(ii) $L_f^N h$ appartient au $\mathcal{A}(h)$-module généré par l'espace vectoriel $\mathbb{R}$-linéaire engendrée par l'ensemble $\{h, L_f h, \ldots, L_f^{N-1} h\}$,

alors il peut s'immerger dans le système (3.7).

Inversement, si N est le plus petit entier pour lequel (3.6) peut s'immerger dans (3.7), alors (3.6) satisfait les conditions i et ii. ◇

3.9 Exemple. Pour le système (3.5), nous avons

$$h = x_1 \qquad L_f h = x_2 \qquad L_f^2 h = h(x) \cdot x_2,$$

donc pour cet exemple particulier nous obtenons une *équivalence* avec un système

$$\dot{z} = \begin{bmatrix} 0 & 1 \\ 0 & y \end{bmatrix} z$$

$$y = z_1.$$

△

3.10 Remarque. La construction de l'immersion s'inspirant dans une grande mesure de la construction effectuée dans la situation où l'espace d'observation est de dimension finie, le résultat peut s'étendre facilement aux systèmes non autonomes. △

3.3 Immersion dans un système linéaire

L'immersion dans un système linéaire présente, sans doute, beaucoup d'intérêt, du moment où la synthèse d'observateur devient triviale ; en particulier, les systèmes linéaires admettent des observateurs du type Luenberger (1964) (la dynamique de l'erreur d'estimation est linéaire, à spectre assignable sous la condition d'observabilité).

Extensions du résultat sur l'immersion dans une forme affine en l'état

Une première approche à l'immersion dans un système linéaire est une extension naturelle du résultat principal sur l'immersion dans un système affine en état rappelé au paragraphe précédent, dans le cas particulier où le système à immerger est affine en l'entrée [Claude et al. 1983, Levine et Marino 1986]. Plus précisément, en se rapportant à l'exemple 3.6, la façon dont les champs de vecteurs sont définis dans la nouvelle représentation montre que pour un système affine en l'entrée

$$\begin{aligned}\dot{x} &= f_0(x) + \sum_{i=1}^{m} f_i(x) u_i \\ y &= h(x),\end{aligned} \qquad (3.8)$$

si en plus de la finitude de l'espace d'observation, les dérivées de Lie des éléments de base de cet espace le long des champs de vecteurs $f_1, \ldots, f_m$ sont constantes, alors le système obtenu après immersion est linéaire.

Comme nous l'avons déjà vu au paragraphe précédent, il est possible d'affaiblir la condition d'immersion en faisant recours à l'injection de sortie. On

3.3 Immersion dans un système linéaire

trouve cette idée dans [Bossane et al. 1989], où, pour immerger un système affine en l'entrée (3.8) dans un système linéaire modulo injection de sortie, les conditions nécessaires sont

$$\dim \mathcal{O}(h) < \infty,$$
$$\forall \lambda \in \mathcal{O}(h),\ dL_{f_i}\lambda \wedge dh_1 \wedge \cdots \wedge dh_p = 0,\ i = 1, \ldots, m. \quad (3.9)$$

Quand $dh_1 \wedge \cdots \wedge dh_p \neq 0$, les conditions ci-dessus sont également suffisantes. Autrement dit, la condition suffisante est que les dérivées de Lie des éléments de base de l'espace d'observation le long des champs de vecteurs $f_1, \ldots, f_m$ puissent s'écrire comme fonctions exclusivement de y (voir aussi le lemme 6.14). Nous obtenons alors une immersion dans un système du type

$$\dot{z} = Az + \varphi(u, y)$$
$$y = Cz$$

où le vecteur φ est affine en u.

Approche « linéarisation de l'observateur »

Cette deuxième approche, plus récente, est ressortie des travaux menés sur les transformations qui permettent la synthèse d'un observateur dont la dynamique de l'erreur d'estimation est linéaire, initiés par Krener et Isidori (1983) (une exposition détaillée de ces premiers résultats est disponible également dans [Isidori 1995]). Le problème abordé concerne la transformation d'un système autonome mono-sortie (3.6) dans un système linéaire modulo injection de sortie

$$\dot{z} = Az + \varphi(y)$$
$$y = Cz \quad (3.10)$$

qui soit observable, ou, sans aucune perte de généralité, avec la paire (A, C) sous la forme canonique d'observabilité

$$A = \begin{bmatrix} 0 & 1 & 0 & \cdots & 0 \\ & \ddots & \ddots & & \vdots \\ \vdots & & \ddots & \ddots & 0 \\ & & & & 1 \\ 0 & & \cdots & & 0 \end{bmatrix} \qquad C = \begin{bmatrix} 1 & 0 & \cdots & 0 \end{bmatrix}. \qquad (3.11)$$

L'intégrabilité d'une certaine distribution est nécessaire pour l'existence de la transformation, qui s'obtient comme solution d'une équation à dérivées partielles du premier ordre. L'application de cette transformation donne ensuite les composantes du vecteur φ. Une extension aux systèmes multi-sorties et aux systèmes non-autonomes, sous l'hypothèse que les fonctions d'entrées sont constantes par morceaux, est disponible dans [Krener et Respondek 1985], où la transformation de l'espace d'état peut être accompagnée éventuellement d'un difféomorphisme dans l'espace de sortie. En parenthèse, mentionnons qu'un degré de liberté supplémentaire en plus de la transformation de sortie est représenté par la transformation de temps [Guay 2001, Respondek et al. 2003] ; pourtant, on ne fera recours à aucune de ces deux techniques en ce qui concerne nos résultats.

Une méthode alternative pour réaliser la même transformation exploite l'expression de la dérivée d'ordre n de la sortie du système (3.10)–(3.11). Nous obtenons l'équation dite *caractéristique* [Keller 1987], qui, dans le cas général où l'on considère aussi un difféomorphisme ψ dans l'espace de sortie, s'écrit :

$$L_f^n \tilde{h} - L_f^{n-1}(\varphi_1 \circ \tilde{h}) - L_f^{n-2}(\varphi_2 \circ \tilde{h}) - \cdots - L_f(\varphi_{n-1} \circ \tilde{h}) - \varphi_n \circ \tilde{h} = 0, \quad (3.12)$$

avec $\tilde{h} = \psi \circ h$. En supposant que ψ est connu, nous obtenons une équation à dérivées partielles du $(n-1)^{\text{ème}}$ ordre à n inconnues (les composantes de φ). Une fois l'équation caractéristique résolue, le calcul de la transformation est immédiat, grâce à la structure particulière du système linéaire.

Puisque l'existence de la solution de l'équation caractéristique n'est pas garantie pour tout système non linéaire, une idée est d'essayer de trouver les

3.3 Immersion dans un système linéaire

fonctions $\varphi_1, \ldots, \varphi_n$ qui *minimisent* le terme à gauche dans l'égalité (3.12), bien que le minimum ne soit pas nul [Lynch et Bortoff 1997, Banaszuk et Sluis 1997].

L'idée d'utiliser l'immersion apparaît dans les travaux menés indépendamment [Jouan 2003] et [Back et Seo 2004], qui explorent la possibilité de résoudre l'équation caractéristique quand son ordre est $N-1$, avec N supérieur à l'ordre n du système à transformer. Sans entrer trop dans les détails, quelques aspects méritent notre attention.

Tout d'abord, mentionnons que dans ces travaux les auteurs insistent plutôt sur les algorithmes de calcul effectif d'une solution. Cependant, il est difficile de déterminer la « bonne » valeur de N, d'autant plus que son existence n'est pas *a priori* garantie. En réalité, nous sommes amenés à essayer d'appliquer l'algorithme de calcul pour des valeurs successives de N, à partir de $N = n+1$. Quand $N \leq n + [n/2]$, Back et Seo (2004) montrent qu'il est possible de déterminer si l'immersion existe, en résolvant dans un premier temps un problème en $N-n-1$ inconnues. Par conséquent, le premier choix de N recommandé dans cette référence est $n+[n/2]$. Si l'immersion est possible avec ce choix, on cherche le N minimal pour lequel l'immersion est possible, dans l'ensemble $\{n+1, n+2, \ldots, n+[n/2]\}$. Sinon, $N > n+[n/2]$, ou bien il n'existe pas.

Dans le cas non autonome, Jouan (2003) considère les systèmes affines en l'entrée du type (3.8) pour lesquels les conditions nécessaires et suffisantes d'immersion sont

(i) la partie autonome est immergeable dans un système linéaire modulo injection de sortie ;

(ii) si τ désigne l'immersion de la partie autonome, accompagnée éventuellement d'un difféomorphisme ψ dans l'espace de sortie, alors il existe les fonctions $\gamma_{i,j}$, $i = 1, \ldots, m$, $j = 1, \ldots, N$, telles que

$$L_{f_i}\tau_j = \gamma_{i,j} \circ (\psi \circ h).$$

Autour d'un point régulier de la codistribution dh, la condition ii est équivalente à la condition

$$dL_{f_i}\tau_j \wedge dh = 0.$$

Il est noté que cette condition est moins restrictive que son analogue dans [Bossane et al. 1989] (voir (3.9) supra), où la partie autonome doit être linéarisable *sans* injection de sortie.

3.4 Conclusions

Dans ce chapitre nous avons passé en revue quelques résultats sur l'immersion des systèmes non linéaires dans des formes particulièrement intéressantes en vue de la construction d'observateur, à savoir la forme affine en l'état et la forme linéaire. L'intérêt vis-à-vis de la forme affine en l'état a été justifié par l'existence d'un observateur à convergence globale, pourvu que l'entrée soit suffisamment « riche ».

Nous avons également mentionné le fait que l'utilisation de l'injection de sortie permet d'affaiblir les conditions d'immersion, aussi bien dans un système affine en l'état que dans un système linéaire. C'est par rapport à la forme affine en l'état qu'on explorera au chapitre suivant la possibilité d'élargir la classe des systèmes immergeables avec recours à l'injection de sortie.

4 Immersion affine avec injection de sortie

4.1 Problématique

Nous avons vu au paragraphe 3.2 qu'une condition suffisante—et dans la plupart des cas nécessaire—pour l'immersion d'un système non linéaire dans un système affine en l'état est que l'espace d'observation du système soit de dimension finie. Quand cette condition n'est pas satisfaite, on peut dans certains cas contourner le problème à l'aide d'une immersion qui utilise l'injection de sortie. Plus précisément, étant donné un système

$$\begin{aligned} \dot{x} &= f(x, u) \\ y &= h(x) \end{aligned} \quad (4.1)$$

on s'intéresse à une transformation (généralement par immersion) qui conduise à un système de la forme

$$\begin{aligned} \dot{z} &= A(u, y)z + \varphi(u, y) \\ y &= Cz. \end{aligned} \quad (4.2)$$

Un premier résultat disponible sur l'immersion avec recours à l'injection de sortie est celui de Hammouri et Celle (1991), où, dans le cas des systèmes analytiques, la condition d'immersion est que l'espace d'observation possède une structure de module sur $\mathcal{A}(h)$, défini au chapitre précédent comme l'anneau des fonctions du type $l \circ h$, avec $l \in C^{\omega}(\mathcal{S})$. Il existe toutefois des systèmes qui ne satisfont pas cette condition, mais qui peuvent quand-même s'immerger dans un système de la forme (4.2).

4.1 Exemple. On vérifie facilement que l'espace d'observation du système

$$\dot{x}_1 = x_1 + x_1 x_2$$
$$\dot{x}_2 = x_1 \qquad (4.3)$$
$$y = x_1$$

n'est pas de dimension finie, ni ne peut admettre une structure de module sur l'anneau $\mathcal{A}(h)$. Cependant, la dépendance explicite en y de la non linéarité $x_1 x_2$ conduit à une représentation

$$\dot{x} = \begin{bmatrix} 1 & y \\ 1 & 0 \end{bmatrix} x$$
$$y = \begin{bmatrix} 1 & 0 \end{bmatrix} x. \qquad \triangle$$

Il serait donc intéressant de connaître quelles sont les conditions qui, dans l'esprit de l'exemple précédent, rendent possible une *immersion*. Il se trouve toutefois qu'une telle caractérisation est loin d'être facile et que l'on puisse difficilement affirmer quelque chose au-delà du fait que *l'immersion revient à trouver une dépendance convenable en y des équations différentielles du système qui permette la transformation dans la forme souhaitée.*

En particulier, à la lumière des résultats présentés au paragraphe 3.2, ce type d'immersion reviendrait, en un certain sens, à l'existence d'une dépendance convenable en y des champs de vecteurs qui décrivent le système, de sorte que dans la représentation qui correspond à l'entrée étendue $\begin{bmatrix} u \\ y \end{bmatrix}$, l'espace d'observation du système soit de dimension finie.

Cet argument, bien qu'utilisable en tant que condition *suffisante*, n'offre pas une réponse précise à notre question en termes de condition nécessaire, ni ne nous indique comment trouver la « dépendance convenable » en y des équations différentielles qui gouvernent la dynamique du système.

La source des problèmes est évidemment le rôle double joué par y—signal mesuré et fonction de variables d'état. Non seulement la non unicité de la dépendance explicite en y ne donne pas lieu à la formalisation précise de la condition d'existence d'une dépendance convenable vis-à-vis de l'argument qui utilise la

4.1 Problématique

finitude de l'espace d'observation (qui puisse ensuite s'utiliser pour indiquer la dépendance en question) mais aussi, il est impossible de trouver les conditions nécessaires et suffisantes d'immersion associées à une forme canonique donnée. Notons qu'en ce qui concerne ce dernier aspect, il ne s'agit pas d'une spécificité des transformations qui utilisent l'immersion, les transformations d'équivalence étant également affectées par ce problème tant qu'elles impliquent l'injection de y de la manière que l'on considère ici.

En réalité, en ce qui concerne la transformation par difféomorphisme sous la forme générale (4.2), nous ne disposons que de conditions génériques, qui n'utilisent pas des contraintes de structure [Hammouri et de Leon Morales 1991]. Ces conditions, données en termes d'existence d'objets mathématiques qui satisfont certaines conditions sont pourtant très difficiles à vérifier en pratique. Néanmoins, il existe des structures particulières pour lesquelles les conditions génériques d'existence peuvent être testées par l'intermédiaire de procédures qui soient en plus constructives [Besançon et Bornard 1997].

Une structure qui généralise les structures du type (4.2) de Besançon et Bornard (1997) est considérée sous une approche différente dans [Souleiman et al. 2003], où, étant donné un système mono-sortie (4.1), l'objectif est la construction d'un changement de coordonnés local tel que dans la nouvelle représentation le système soit de la forme (4.2) avec

$$A(u,y) = \begin{bmatrix} 0 & a_{1,2}(u,y) & 0 & \cdots & 0 \\ 0 & a_{2,2}(u,y) & a_{2,3}(u,y) & \ddots & \vdots \\ \vdots & \vdots & & \ddots & 0 \\ 0 & a_{n-1,2}(u,y) & \cdots & \cdots & a_{n-1,n}(u,y) \\ 0 & a_{n,2}(u,y) & \cdots & \cdots & a_{n,n}(u,y) \end{bmatrix} \quad (4.4)$$

$$C = \begin{bmatrix} 1 & 0 & \cdots & 0 \end{bmatrix}.$$

Comme il vient d'être souligné, a priori on ne dispose pas vis-à-vis de cette structure d'une condition en termes de f et h qui soit suffisante pour l'existence de la transformation et qui puisse ensuite s'utiliser pour la construction effective de celle-ci ; en réalité, c'est la réussite d'une procédure de construction de la transformation considérée qui en constitue la condition suffisante.

La procédure en question utilise des outils d'algèbre différentielle, en particulier le test d'indépendance des 1-formes à l'aide du produit extérieur. Elle s'appuie sur l'expression de la différentielle de la $n^{\text{ème}}$ dérivée temporelle de la sortie y qui s'écrit nécessairement sous une certaine forme si les systèmes (4.1) et (4.2) sont équivalents.

La construction est itérative, les coefficients du système (4.2) sont identifiés à chaque itération dans des expressions de 1-formes calculées de manière identique pour les deux systèmes. Pour que la procédure puisse continuer, à chaque itération les 1-formes calculées pour le système (4.1) doivent satisfaire des conditions particulières de dépendance.

Étant donné ce résultat, notre intérêt se porte naturellement sur les situations où le système (4.1) n'est pas équivalent à un système (4.2), mais il peut s'immerger dans un système de telle forme.

4.2 Procédure d'immersion

Une première approche possible serait d'adapter la procédure de construction décrite dans [Souleiman et al. 2003] aux cas où l'ordre du système (4.2) est supérieur à l'ordre du système (4.1), puis essayer d'effectuer la transformation en considérant successivement $N = n+1, n+2, \ldots$ en espérant l'existence d'un ordre N pour lequel la procédure de construction aboutisse. Évidemment, il est d'autant moins possible de connaître a priori quel est le « bon » N que son existence est elle même incertaine.

Une autre approche, celle retenue ici, suppose la construction *directe* de l'immersion, en choisissant les nouvelles coordonnées et en utilisant une dépendance explicite en y dans la nouvelle représentation dans le but d'obtenir une structure affine. Il s'agit donc d'une approche heuristique, pour laquelle il n'est non plus possible de donner a priori des conditions de réussite.

La difficulté réside dans la non unicité du choix de la dépendance en y, qui peut entraîner des « mauvais » choix au cours de la construction, comme montré par l'exemple suivant.

4.2 Procédure d'immersion

4.2 Exemple. Étant donné le système

$$\dot{x}_1 = \sin x_1 \cdot \sin x_2$$
$$\dot{x}_2 = -\frac{\cos x_1 \cdot \sin^2 x_2}{\cos x_2}$$
$$y = x_1.$$

on souhaite construire une transformation qui conduit, éventuellement avec recours à l'injection de y, à une forme affine.

Habituellement, sauf si l'on considère une transformation dans l'espace des sorties, afin d'obtenir une forme affine à partir d'un système sous la forme (4.1), l'une des composantes de la transformation est $h(x)$; sans perte de généralité on peut supposer que c'est la première.

Choisissons alors $z_1 = x_1$. Une possibilité d'obtenir une structure affine pour l'équation différentielle de cette variable d'état est d'utiliser la dépendance explicite en y et de prendre $\sin x_2$ pour la deuxième variable d'état dont l'équation différentielle est alors

$$\dot{z}_2 = -\cos x_1 \cdot \sin^2 x_2.$$

En continuant dans le même esprit, on crée

$$z_3 = \sin^2 x_2$$
$$z_4 = \sin^3 x_2$$
$$\dots$$
$$z_k = \sin^{k-1} x_2$$
$$\dots$$

c'est-à-dire une infinité de nouvelles variables d'état, donc la construction en procédant de cette manière ne peut jamais aboutir.

Cependant, on peut facilement vérifier que si l'on avait pris $z_2 = \sin x_1 \cdot \sin x_2$, on aurait obtenu $\dot{z}_2 = 0$, c'est-à-dire une équivalence avec un système linéaire. △

L'exemple précédent montre que le choix de la dépendance en y ne peut se faire de manière convenable qu'en rapport avec la représentation initiale de la dynamique du système dans sa totalité, ou bien en rapport avec les expressions des dérivées successives de la fonction de sortie (comme il a été fait en un certain sens dans [Souleiman et al. 2003]).

Avec toutes ces difficultés en mémoire, une procédure à suivre pour l'immersion d'un système (4.1)—éventuellement multi-sorties—dans un système (4.2) peut se formuler comme suit.

4.3 Procédure d'immersion (dans une forme affine en l'état avec injection de sortie).

❶ *Initialiser le jeu des nouvelles variables d'état avec les composantes de l'application de sortie $h(x)$.*

❷ *Obtenir pour les nouvelles variables d'état des équations différentielles de structure affine en s'appuyant simultanément sur :*
  - *le choix d'une dépendance explicite et <u>convenable</u> en y ;*
  - *la création de nouvelles variables d'état.*

❸ *Appliquer ❷ pour chaque nouvelle variable créée jusqu'à ce que ce qu'il ne génère plus de nouvelles variables d'état.* ◊

On souligne une fois de plus que cette procédure n'aboutit pas forcement pour tout système non linéaire ; son application peut conduire pour certains systèmes à un nombre infini d'itérations. De plus, pour le même système nous pouvons être amenés à essayer plusieurs variantes de dépendance explicite en y des équations du système original afin de trouver celle qui conduit au résultat souhaité.

4.4 Exemple. Reprenons l'exemple 4.1 légèrement modifié :

$$\dot{x}_1 = x_1 + x_1 x_2^2$$
$$\dot{x}_2 = x_1$$
$$y = x_1.$$

Au premier pas de la procédure 4.3, nous avons $z_1 = x_1$ et par conséquent on peut écrire

$$\dot{z}_1 = z_1 + y x_2^2.$$

On décide alors de créer $z_2 = x_2{}^2$, avec

$$\dot{z}_2 = 2yx_2.$$

On pose finalement $z_3 = 2x_2$ et on obtient une immersion en dimension trois :

$$\dot{z} = \begin{bmatrix} 1 & y & 0 \\ 0 & 0 & y \\ 2 & 0 & 0 \end{bmatrix} z = \begin{bmatrix} 0 & y & 0 \\ 0 & 0 & y \\ 0 & 0 & 0 \end{bmatrix} z + \begin{bmatrix} y \\ 0 \\ 2y \end{bmatrix}$$

$$y = z_1.$$

△

4.5 Remarque. La construction de l'immersion selon la procédure 4.3 se fait de façon arborescente, à partir de l'application de sortie $h(x)$, qui en constitue la racine. Par conséquent, le système obtenu (4.2) possède une structure particulière donnée par

$$A(u,y) = \begin{bmatrix} 0 & A_{1,2}(u,y) & 0 & \cdots & 0 \\ 0 & A_{2,2}(u,y) & A_{2,3}(u,y) & \ddots & \vdots \\ \vdots & \vdots & & \ddots & 0 \\ 0 & A_{q-1,2}(u,y) & \cdots & \cdots & A_{q-1,q}(u,y) \\ 0 & A_{q,2}(u,y) & \cdots & \cdots & A_{q,q}(u,y) \end{bmatrix}$$

$$C = \begin{bmatrix} I_p & 0 & \cdots & 0 \end{bmatrix}$$

à laquelle il correspond une partition du vecteur d'état z en sous-vecteurs $z_i \in \mathbb{R}^{N_i}$, $i = 1, \ldots, q$, avec $N_1 = p$, $\sum_{i=1}^{q} N_i = N$. △

Par suite de cette remarque, on peut proposer une formulation équivalente de la procédure d'immersion 4.3 :

4.6 Procédure d'immersion (dans une forme affine en l'état avec injection de sortie).

❶ *Initialiser le jeu des nouvelles coordonnées avec les composantes de l'application de sortie :* $z_1(x) = h(x)$.

❷ *A chaque itération $k \geq 1$, utiliser de manière <u>convenable</u> la dépendance explicite en u et y et créer éventuellement $z_{k+1}(x)$ afin de pouvoir écrire*

$$\dot{z}_k = \frac{\partial z_k}{\partial x} f(x,u) = \sum_{i=2}^{k} A_{k,i}(u,y) z_i + A_{k,k+1}(u,y) z_{k+1} + \varphi_k(u,y) \quad (*)$$

❸ *Stop quand le pas précédent donne un vecteur z_{k+1} vide.* ◇

4.3 Discussions

Remarques sur les conditions d'immersion

Il est clair que la *réussite* de la procédure d'immersion dans ses versions 4.3 ou 4.6 constitue une condition *nécessaire et suffisante* pour l'existence d'une transformation d'un système (4.1) dans un système (4.2). Cette condition n'est vérifiable que par construction effective, le résultat étant à son tour conditionné en partie par la dépendance explicite en y considérée au cours de la construction ; en réalité, nous pouvons être amenés à essayer plusieurs variantes avant d'obtenir le résultat souhaité.

Il est alors parfaitement concevable d'essayer aussi plusieurs choix de paramétrisation par y de la famille de champs de vecteurs $f(x,u)$. Les conditions d'immersion deviennent plus fortes mais peut-être plus faciles à vérifier. Concrètement, une fois une dépendance en y fixée dans la représentation du système donné, nous pouvons utiliser la condition de finitude de l'« espace d'observation » en considérant l'entrée étendue $\begin{bmatrix} u \\ y \end{bmatrix}$ afin de vérifier si le choix qui a été fait convient pour l'immersion dans un système affine en l'état. Si la réponse est positive, nous pouvons naturellement effectuer l'immersion dans l'esprit de la construction suggérée par la preuve du théorème 3.5.

4.7 Remarque. On parle dans l'argument ci-dessus d'espace d'observation entre guillemets parce qu'il n'existe aucun lien entre cet espace et l'espace d'observation du système de départ. On crée cet objet de manière « artificielle » dans le seul but de construire l'immersion. En particulier, on évite de vérifier l'observabilité au sens du rang en considérant l'entrée étendue $\begin{bmatrix} u \\ y \end{bmatrix}$ que ce soit pour

4.3 Discussions

le système avant immersion ou bien pour celui après immersion, car il est fort possible qu'il soit faux. △

4.8 Exemple. A titre d'illustration d'utilisation de la condition de finitude, on reprend le système de l'exemple 4.4 et on l'écrit sous la forme

$$\dot{x} = f_0(x) + y f_1(x) = \begin{bmatrix} x_1 \\ 0 \end{bmatrix} + y \begin{bmatrix} x_2^2 \\ 1 \end{bmatrix}$$

$$y = h(x) = x_1.$$

Nous avons

$$L_{f_0} h = x_1 \qquad L_{f_1} h = x_2^2 \qquad L_{f_1}^2 h = 2x_2 \qquad L_{f_1}^3 h = 1.$$

Par conséquent, si l'on ignore le fait que y dans l'expression de $\dot{x}$ dépend de x, l'« espace d'observation » du système est de dimension finie et nous avons l'immersion

$$x \mapsto \begin{bmatrix} x_1 \\ x_2^2 \\ 2x_2 \\ 1 \end{bmatrix}$$

d'où nous obtenons, en procédant comme dans l'exemple 3.6, la représentation

$$\dot{z} = \begin{bmatrix} 1 & 0 & 0 & 0 \\ 0 & 0 & 0 & 0 \\ 0 & 0 & 0 & 0 \\ 0 & 0 & 0 & 0 \end{bmatrix} z + y \begin{bmatrix} 0 & 1 & 0 & 0 \\ 0 & 0 & 1 & 0 \\ 0 & 0 & 0 & 2 \\ 0 & 0 & 0 & 0 \end{bmatrix} z$$

Notons que si l'on supprime l'état constant $z_4 \equiv 1$, on obtient l'immersion de l'exemple 4.4. △

En somme, nous pouvons formuler une condition suffisante d'immersion comme suit : *Si la famille de champs de vecteurs $f(x, u)$ d'un système (4.1) admet une paramétrisation par y telle que l'espace d'observation en considérant l'entrée étendue $\begin{bmatrix} u \\ y \end{bmatrix}$ soit de dimension finie, alors le système en question peut s'immerger dans un système (4.2).*

On note que cette condition *n'est pas nécessaire* car la réussite de la procédure d'immersion ci-avant ne correspond pas forcement à une paramétrisation unique par y de $f(x,u)$. En réalité, en se rapportant à $(*)$ dans la procédure 4.6, on voit que les matrices $A_{k,i}(u,y)$, $i = 2,\ldots,k+1$ rassemblent le choix de dépendance en y fait à l'itération k dans le terme $\frac{\partial z_k}{\partial x} f(x,u)$. Il est alors tout à fait possible que l'on soit amené à faire, au cours de la construction, deux choix différents de dépendance en y dans la même composante de f.

Questions d'observabilité

Comme nous l'avons déjà souligné au paragraphe 2.4, seule une immersion de variétés peut garantir que la trajectoire d'état du système de départ soit localement homéomorphe à la trajectoire d'état du système obtenu après immersion. Cette condition est en même temps suffisante et nécessaire pour que les systèmes partagent (toujours localement) les mêmes propriétés d'observabilité.

En ce qui concerne l'immersion selon la méthode décrite ci-avant, il n'y a aucune garantie que la transformation obtenue soit de rang plein; cet aspect est à vérifier a posteriori. On souligne une fois de plus qu'il faut éviter de vérifier l'observabilité locale faible du système obtenu après immersion par rapport à l'entrée étendue $\begin{bmatrix} u \\ y \end{bmatrix}$; cette propriété se vérifie à partir de l'observabilité locale faible du système de départ et l'injectivité locale de la transformation.

Toutefois, l'observateur présenté au paragraphe 3.1 pour les systèmes de la forme (4.2) s'appuie sur la propriété de l'entrée d'entrée régulièrement persistante. À la différence de l'observabilité locale faible, cette propriété d'observabilité ne peut pas être vérifiée a priori du moment où on ne sait pas définir la notion d'entrée régulièrement persistante pour les systèmes de la forme générale (4.1).

4.4 Estimation de l'angle de charge d'un générateur synchrone

Le chapitre 5 sera dédié entièrement à une application importante de la technique d'immersion qui vient d'être décrite ici, à savoir l'estimation simultanée d'état et de paramètres dans le moteur asynchrone. Dans l'immédiat, la méthodologie proposée sera illustrée sur un exemple plus simple, avec application à la production d'énergie électrique.

Le problème considéré est l'estimation de l'angle de charge d'un générateur synchrone dans une configuration « générateur–bus infini ». On verra comment le modèle du système peut s'immerger dans une forme affine qui permette l'estimation, à partir de mesures exclusivement locales, des coordonnées du phaseur de la tension de bus infini dans un repère lié au rotor du générateur. La phase qui correspond à ces coordonnées coïncide avec l'angle de charge du générateur dans la configuration considérée.

Contexte du problème

Un réseau électrique est essentiellement une collection de systèmes couplés de manière non linéaire—les générateurs—qui fournissent de l'énergie électrique à des charges. Non seulement les générateurs possèdent un comportement non linéaire, mais encore les charges et des éléments du réseau d'interconnexion (e.g. les dispositifs FACTS[1]) peuvent aussi manifester des dynamiques de cette nature. Cependant, le point de fonctionnement d'un réseau électrique manifeste habituellement une évolution lente au cours du temps, déterminée par une planification préalable ou une prédiction de l'évolution future de la charge totale. Pour cette raison, les solutions employées en pratique pour maintenir la stabilité et amortir les oscillations ont été principalement issues de la théorie du contrôle des systèmes linéaires. Ces solutions, bien qu'efficaces en ce qui concerne les perturbations dont l'effet est assez faible, donnent des performances peu satis-

---

1. Acronyme de *Flexible Alternative Current Transmission System*.

faisantes en présence de perturbations de grande amplitude ou à l'apparition de perturbations quand le système fonctionne près de sa limite de stabilité.

La supériorité des techniques de contrôle non linéaires a été reconnue dans ce contexte dès l'application de techniques de linéarisation par retour d'état aux systèmes de puissance. Le premier résultat important, dû à Marino (1984), utilise la linéarisation dite *externe* par retour d'état, technique exploitée ensuite par d'autres auteurs, par exemple Mak (1992), Mielczarski et Zajaczkowski (1994), King et al. (1994), Jain et al. (1994), Akhrif et al. (1999), Jiang et al. (2001). Une technique alternative est représentée par la linéarisation dite *directe* par retour d'état, des résultats récents de son application étant disponibles par exemple dans [Guo et al. 2000, Guo et al. 2001]. Des résultats sensiblement supérieurs en termes de performances peuvent s'obtenir à l'aide de la technique de *backstepping* qui, à la différence des méthodes standard de linéarisation, permet de ne pas éliminer les non linéarités qui ont un effet positif en ce qui concerne la dynamique en boucle fermée. L'une de ses applications aux systèmes de puissance est présentée dans [Roosta et al. 2001].

Une caractéristique partagée par toutes ces méthodes est le fait qu'elles s'appuient sur la connaissance du vecteur d'état du système. Une variable d'état importante qui intervient dans le modèle d'un générateur synchrone est *l'angle de charge* (ou *l'angle rotorique*), défini comme la différence de phase entre la position du rotor (indiquée par un repère qui y est liée) et une référence qui tourne à la vitesse nominale ω_0. La référence en question peut être représentée par le rotor d'un autre générateur ou par le phaseur d'une grandeur électrique du type *tension* choisie de manière convenable. À la différence de *l'angle interne*, défini comme la différence de phase entre la position du rotor et le phaseur de la tension terminale, qui peut être calculé avec précision [de Mello 1994] ou avec approximation [Venkatasubramanian et Kavasseri 2004] à partir de mesures locales, l'angle de charge ne peut être calculé qu'en utilisant de l'information distante.

Bien que la plupart des auteurs reconnaissent que l'angle de charge n'est pas facilement disponible, peu de solutions ont été proposées pour contourner

4.4 Estimation de l'angle de charge d'un générateur synchrone

ce problème. Puisque la vaste majorité de travaux portant sur le contrôle non linéaire des générateurs synchrones considèrent une configuration dans laquelle le générateur est connecté à un *bus infini* (un concept qui sera détaillé plus tard) les solutions pour l'estimation de l'angle de charge sont proposées principalement dans ce contexte. Ainsi, dans [Wang et al. 1993], l'angle de charge est obtenu durant les transitoires comme l'intégrale de l'écart entre la vitesse du générateur et la vitesse nominale, sous l'hypothèse que l'erreur entre la condition initiale de l'intégrateur et la valeur de l'angle avant l'apparition du transitoire est suffisamment petite. Dans [Mielczarski et Zajaczkowski 1994], la solution proposée, un observateur du type Luenberger dont le gain est calculé à partir du modèle linéarisé tangent à une position d'équilibre, vise l'estimation de la déviation de l'angle vis-à-vis de la valeur d'équilibre considérée.

De même que les solutions portant sur la commande en configuration générateur–bus infini, les solutions utilisées pour l'estimation de l'angle de charge dans la configuration citée supposent habituellement que les paramètres qui caractérisent le bus infini sont parfaitement connus. En effet, ces paramètres suffisent, en combinaison avec certaines mesures locales, pour donner un calcul approximatif de l'angle de charge [Roosta 2003]. Cependant, en pratique ce calcul peut s'avérer difficile du moment où le bus infini est un concept abstrait ; il est un modèle du comportement du réseau « vu » par le générateur, dont les paramètres sont plutôt « à estimer » que « facilement disponibles ». La solution que nous proposons en tant qu'application de la technique d'immersion présentée au paragraphe précédent offre, en plus d'une solution pour l'estimation de l'angle de charge, une solution partielle à ce problème.

Modélisation en configuration « générateur–bus infini »

Comme pour toute machine électrique, les équations de la machine synchrone sont écrites dans un repère biphasé, chaque variable électrique étant représentée par un phaseur obtenu à partir des grandeurs de phase par l'intermédiaire de la transformation de Park [Chatelain 1990]. En général les axes du repère en question sont désignées par *axe direct* et *axe en quadrature*, notés **d** et **q** respectivement, d'où la dénomination de « repère **d-q** ».

Dans le cas de la machine synchrone, le repère **d-q** est lié au rotor ; plus précisément, l'axe **d** est orientée vers le pôle N du champ magnétique créé par l'enroulement inducteur (ou d'excitation). Quant à l'axe **q**, quand le sens de rotation est supposé anti-horaire, on le retrouve dans les études soit en avance de phase [Kundur 1994], soit en retard de phase [Ilić et Zaborszky 2000] par rapport à l'axe **d**. La convention utilisée ici est celle de Kundur (1994).

À partir du modèle complet, plusieurs degrés de simplification sont possibles afin d'obtenir un modèle qui demande moins de puissance de calcul lors des simulations numériques, tout en préservant les caractéristiques dominantes exigées par le niveau d'analyse considéré. Généralement, la dynamique de l'enroulement statorique est négligée, ce qui permet d'utiliser exclusivement des équations algébriques pour décrire les interconnexions entre les éléments du réseau. Quant au rotor, les dynamiques sous-transitoires, spécifiques aux enroulements amortisseurs, peuvent être supprimées partiellement ou totalement ; une panorama des modèles approximatifs les plus courants est donnée dans [Ilić et Zaborszky 2000].

Avec les enroulements amortisseurs supprimés, on obtient le modèle dit « à un axe », où la partie électrique de la machine est représentée par une seule équation différentielle, qui décrit la dynamique de l'enroulement d'excitation :

$$\tfrac{\mathrm{d}}{\mathrm{d}t}(E'_q) = \frac{\omega_0}{T'_{d_0}}\bigl[E_{f_d} - E'_q - (X_d - X'_d)I_{t_d}\bigr]. \qquad (4.5)$$

avec les notations
  E'_q – tension proportionnelle au flux crée par l'inducteur
  E_{f_d} – tension proportionnelle à la tension d'excitation
  X_d – la réactance synchrone longitudinale
  X'_d – la réactance transitoire longitudinale
  T'_{d_0} – la constante de temps transitoire longitudinale à circuit ouvert
  I_{t_d} – la composante selon l'axe **d** du phaseur courant statorique
  ω_0 – la pulsation nominale.

La dynamique mécanique de la machine est décrite en termes de l'écart de vitesse $\Delta\omega_r$ par rapport à la vitesse angulaire nominale ω_0 et de l'angle de

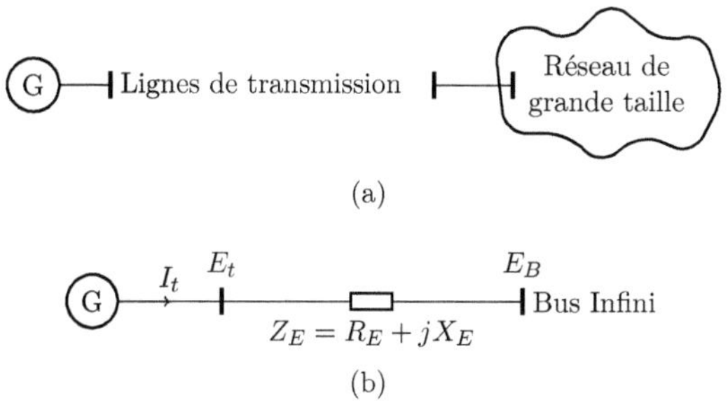

4.4 Estimation de l'angle de charge d'un générateur synchrone

FIGURE 4.1 – Générateur connecté à un réseau de grande taille.

charge δ :

$$\tfrac{d}{dt}(\Delta\omega_r) = \frac{1}{2H}(T_m - T_e - K_D \Delta\omega_r) \qquad (4.6)$$

$$\tfrac{d}{dt}\delta = \omega_0 \Delta\omega_r, \qquad (4.7)$$

où

$$T_e = E'_q I_{t_q} + (X_q - X'_d) I_{t_d} I_{t_q} \qquad (4.8)$$

avec les notations
- T_m – le couple mécanique
- T_e – le couple électromagnétique
- H – la constante d'inertie
- K_D – le coefficient d'amortissement
- X_q – la réactance synchrone transversale
- I_{t_q} – la composante selon l'axe **q** du phaseur courant statorique.

Note. À l'exception de la pulsation nominale ω_0, exprimée en radians par seconde, de la constante de temps T'_{d_0}, exprimée en secondes et de l'angle de charge δ, exprimé en radians, toutes les variables sont exprimées en grandeurs relatives (ou *per unit*).

Considérons une machine synchrone qui fait partie d'un réseau électrique de grande envergure. À l'aide du théorème de Thévenin, la configuration générale présentée dans la figure 4.1a peut se transformer sous la forme présentée dans

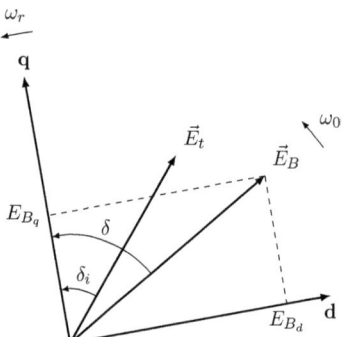

FIGURE 4.2 – Angle de charge et angle interne.

la figure 4.1b, où le reste du réseau électrique a été remplacé par une impédance équivalente Z_E et une source de tension équivalente E_B. Vu que la machine est connectée à un système de taille importante, nous pouvons considérer que ses dynamiques n'influencent pas la valeur, ni la fréquence de la tension E_B ; pour cette raison, on appelle la source E_B un *bus infini*. Toutefois, la valeur de la tension E_B peut subir des modifications en conséquence de changements dans le fonctionnement du réseau, d'où la motivation pour l'estimer.

On suppose par contre que la pulsation du phaseur $\vec{E}_B$ est toujours égale à ω_0. Il est alors naturel de prendre ce phaseur pour la référence dont le retard de phase par rapport à l'axe **q** est égal à l'angle de charge δ, comme montré par la figure 4.2. Le choix de l'axe **q** pour indiquer la position du rotor par rapport à $\vec{E}_B$ est motivé par le fait que l'orientation des axes est telle que, en mode de fonctionnement à vide (à circuit statorique ouvert) le phaseur $\vec{E}_t$ est orienté selon l'axe **q**, tandis qu'en mode de fonctionnement avec la charge connectée, le phaseur $\vec{E}_t$ est en retard de phase par rapport à l'axe **q**. Le retard de phase en question, noté ici δ_i, est *l'angle interne* de la machine.

Dans le but d'établir les équations de la dynamique du système, on définit dans un premier temps les réactances suivantes :

$$x_d := X_d + X_E \qquad x_d' := X_d' + X_E \qquad x_q := X_q + X_E.$$

Si les résistances des enroulements statoriques et celle de la ligne sont négligées,

4.4 Estimation de l'angle de charge d'un générateur synchrone

les composantes du courant statorique s'écrivent pour la configuration illustrée dans la figure 4.1b :

$$I_{t_d} = \frac{E'_q - E_{B_q}}{x'_d} \qquad I_{t_q} = \frac{E_{B_d}}{x_q}$$

avec

$$E_{B_d} = E_B \sin\delta \qquad E_{B_q} = E_B \cos\delta.$$

Par conséquent, l'équation électrique (4.5) dévient

$$\frac{\mathrm{d}}{\mathrm{d}t}(E'_q) = \frac{\omega_0}{T'_{d_0}}\left(E_{f_d} - \frac{x_d}{x'_d}E'_q + \frac{x_d - x'_d}{x'_d}E_{B_q}\right) \tag{4.9}$$

et le couple électromagnétique (4.8) s'écrit

$$T_e = \frac{1}{x'_d}E'_q E_{B_d} - \frac{x_q - x'_d}{x_q x'_d}E_{B_d}E_{B_q}. \tag{4.10}$$

En outre, les équations différentielles de E_{B_d} et E_{B_q} sont, en utilisant (4.7),

$$\frac{\mathrm{d}}{\mathrm{d}t}(E_{B_d}) = \omega_0 \Delta\omega_r E_{B_q} \tag{4.11}$$

$$\frac{\mathrm{d}}{\mathrm{d}t}(E_{B_q}) = -\omega_0 \Delta\omega_r E_{B_d}, \tag{4.12}$$

ce qui signifie que la présence de δ dans le modèle est redondante si E_{B_d} et E_{B_q} sont considérés comme variables d'état. De plus, l'estimation de ces deux variables entraîne automatiquement l'estimation de l'angle de charge δ et de la tension de bus infini E_B.

Pour récapituler, la description complète du modèle est donnée par les équations (4.9)–(4.12) et (4.6), où les entrées sont représentées par le couple mécanique T_m et la tension E_{fd}, tandis que la sortie est représentée par l'écart de vitesse $\Delta\omega_r$.

Représentation pour l'estimation de l'angle de charge

Dans le but d'estimer l'état du système décrit par les équations ci-dessus, on utilise la procédure 4.3 pour construire une immersion dans une forme affine en l'état. La première des nouvelles coordonnées étant $\Delta\omega_r$, examinons l'équation (4.6). Les seules non linéarités qui y interviennent se trouvent dans l'expression de T_e. L'une des solutions dans ce cas est de considérer $E'_q E_{B_d}$ et $E_{B_d} E_{B_q}$ comme nouvelles variables d'état. L'autre solution, qui sera retenue ici, est de considérer directement T_e comme nouvelle variable d'état. (En réalité, les deux solutions conduisent dans la même mesure à un résultat positif ; en particulier, les systèmes obtenues dans les deux cas ont le même ordre.) Pour la dérivée temporelle de T_e nous obtenons

$$\begin{aligned}\tfrac{\mathrm{d}}{\mathrm{d}t}(T_e) =& \Delta\omega_r\omega_0(a_1 E'_q E_{B_q} - a_2 E_{B_d}^{\,2} + a_2 E_{B_q}^{\,2}) \\ &+ a_3 E_{f_d} E_{B_d} - a_4 T_e + a_5 E_{B_d} E_{B_q}\end{aligned} \qquad (4.13)$$

avec les définitions suivantes

$$a_1 := \frac{1}{x'_d} \qquad a_2 := -\frac{x_q - x'_d}{x_q x'_d} \qquad a_3 := a_1 \frac{\omega_0}{T'_{d_0}}$$

$$a_4 := \frac{\omega_0}{T'_{d_0}} \frac{x_d}{x'_d} \qquad a_5 := a_2 a_4 + a_3 \frac{x_d - x'_d}{x'_d}.$$

Il est clair que l'équation (4.13) possède une structure affine par rapport aux variables E_{B_d}, $E_{B_d} E_{B_q}$, $E_{B_d}^{\,2}$, $E_{B_q}^{\,2}$ and $E'_q E_{B_q}$ qui deviennent donc des variables d'état. La dérivée temporelle de E_{B_d}, donnée par (4.11), exige que E_{B_q} soit variable d'état, sa dérivée étant donnée par (4.12). Quant aux autres variables créées à partir de (4.13), nous avons

$$\tfrac{\mathrm{d}}{\mathrm{d}t}(E_{B_d} E_{B_q}) = \Delta\omega_r\omega_0(E_{B_q}^2 - E_{B_d}^2) \qquad (4.14)$$

$$\tfrac{\mathrm{d}}{\mathrm{d}t}(E_{B_d}^{\,2}) = 2\Delta\omega_r\omega_0 E_{B_d} E_{B_q} \qquad (4.15)$$

$$\tfrac{\mathrm{d}}{\mathrm{d}t}(E_{B_q}^{\,2}) = -2\Delta\omega_r\omega_0 E_{B_d} E_{B_q} \qquad (4.16)$$

$$\tfrac{\mathrm{d}}{\mathrm{d}t}(E'_q E_{B_q}) = \Delta\omega_r \frac{\omega_0}{a_1}(T_e - a_2 E_{B_d} E_{B_q}) - a_4 E'_q E_{B_q} + a_6 E_{fd} E_{B_q} + a_7 E_{B_q}^2 \qquad (4.17)$$

avec les définitions

$$a_6 := \frac{\omega_0}{T'_{d_0}} \qquad a_7 := a_6 \frac{x_d - x'_d}{x'_d}.$$

4.4 Estimation de l'angle de charge d'un générateur synchrone

Ces équations différentielles ne génèrent pas de nouvelles variables d'état, ce qui signifie que la construction est achevée. Le système obtenu,

$$\dot{z} = A(u,y)z + Bu$$
$$y = Cz \qquad (4.18)$$

avec

$$z = \begin{bmatrix} \Delta\omega_r & T_e & E_{B_d} & E_{B_q} & E_{B_d}E_{B_q} & E_{B_d}^2 & E_{B_q}^2 & E'_q E_{B_q} \end{bmatrix}^T$$
$$u = \begin{bmatrix} T_m & E_{f_d} \end{bmatrix}^T \qquad (4.19)$$
$$y = \Delta\omega_r,$$

hérite de la propriété du système de départ d'être affine en l'entrée.

4.9 Remarque. Si, en pratique, l'information apportée par la seule mesure de l'écart de vitesse $\Delta\omega_r$ se révèle insuffisante (au regard de ce qui a été présenté au paragraphe 2.3 vis-à-vis du Grammien d'observabilité, en particulier la remarque 2.22), une solution disponible qui pourrait résoudre le problème est de considérer la mesure supplémentaire de la tension terminale E_t, pour laquelle nous avons

$$E_t^2 = h_1 E_{B_d}^2 + h_2 E_{B_q}^2 + h_3 {E'_q}^2 + h_4 E'_q E_{B_q}$$

avec les définitions de constantes

$$h_1 := \left(1 - \frac{X_E}{x_q}\right)^2 \qquad h_2 := \left(1 - \frac{X_E}{x'_d}\right)^2$$
$$h_3 := \frac{X_E^2}{{x'_d}^2} \qquad h_4 := \frac{2X_E}{x'_d}\left(1 - \frac{X_E}{x'_d}\right).$$

L'immersion se fait dans un système du dixième ordre, les deux variables d'état supplémentaires par rapport à celles de la construction présentée ci-avant étant ${E'_q}^2$ et $E'_q E_{B_d}$. △

4.10 Remarque. Les estimations de E_{B_d} et E_{B_q} obtenues par l'une des voies présentées peuvent s'utiliser en combinaison avec les mesures de la tension et du courant terminales pour calculer l'angle *interne* de la machine. Effectivement, les coordonnées du phaseur $\vec{E}_t$ dans le repère **d-q** peuvent s'obtenir en résolvant le système

$$E_{t_d}E_{B_d} + E_{t_q}E_{B_q} = \tfrac{1}{2}(E_B{}^2 + E_t{}^2 - I_t{}^2 X_E{}^2)$$
$$E_{t_d}{}^2 + E_{t_q}{}^2 = E_t{}^2.$$

Notons que ce calcul n'utilise pas de mesures de puissance électrique (comme il est fait par exemple dans [Venkatasubramanian et Kavasseri 2004]). △

Évaluation de la méthode

La possibilité d'obtenir une estimation de l'angle de charge en s'appuyant sur le modèle (4.18)–(4.19) a été testée en simulation, où le système « réel » a été représenté par les équations (4.6), (4.7), (4.9) et (4.10), pour les valeurs de paramètres suivantes :

$X_d = 1{,}81$ pu $X'_d = 0{,}30$ pu $X_q = 176$ pu
$X_E = 0{,}65$ pu $H = 3{,}5$ pu $K_D = 10$ pu
$\omega_0 = 377$ rad/s $T'_{d_0} = 8$ s.

Les valeurs initiales des composantes E_{B_d} et E_{B_q} du phaseur $\vec{E}_B$ ont été choisies telles que, à vitesse nominale,

$E_t = 1$ pu $P = 0{,}5$ pu $Q = 0{,}3$ pu

où P et Q désignent les puissances active, respectivement réactive fournies par la machine. Plus précisément, ce choix correspond aux valeurs

$E_{B_d} = 0{,}68$ pu $E_{B_q} = 0{,}53$ pu

ou, de façon équivalente,

$E_B = 0{,}86$ pu $\delta = 51{,}87$ degrés.

Étant donnée la représentation (4.18), nous avons utilisé un observateur à facteur d'oubli exponentiel (3.1) dont la condition initiale a été calculée en utilisant pour les variables E_{B_d} et E_{B_q} des valeurs contenant 50% et 100% d'erreur respectivement. Le paramètre de réglage λ de l'observateur a été fixé à 500.

Un premier test a été effectué pour les valeurs de T_m et E_{f_d} qui correspondent au point d'équilibre considéré, avec de très petites variations de la tension E_{fd} afin de garantir un niveau suffisant d'excitation (en ce qui concerne l'observation). Les erreurs d'estimation obtenues sont présentées par la figure 4.3.

Pour le deuxième test, avec le système fonctionnant au même point d'équilibre que lors du premier test, une augmentation brusque du couple mécanique de 0,04 pu a été considérée. Les oscillations du rotor entraînés par cette augmentation sont illustrées dans la figure 4.4 par l'évolution des composantes du phaseur bus infini dans le repère **d-q**. Les erreurs d'estimation correspondantes sont présentées par la figure 4.5.

Note. Le comportement oscillatoire du deuxième test est spécifique à une autre situation où un écart subit apparaît entre la puissance mécanique et la puissance électrique fournie au réseau—la perte d'une partie de la charge.

4.5 Conclusions

Nous avons proposé dans ce chapitre une procédure d'immersion dans un système affine avec recours à l'injection de y applicable aux systèmes non linéaires qui ne satisfont aucune des conditions d'immersion pour lesquelles on dispose d'une formalisation précise, en particulier la condition de finitude de l'espace d'observation.

Vu l'impossibilité de donner, pour le problème considéré, des conditions d'immersion vis-à-vis d'une structure canonique, il s'agit d'une approche heuristique dont la réussite n'est pas a priori garantie. On verra au chapitre 6 que si l'on tolère d'une certaine façon les non linéarités, on peut donner des conditions et une procédure systématique d'immersion vis-à-vis d'une structure particulière, même en considérant l'injection de y dans la partie affine en l'état.

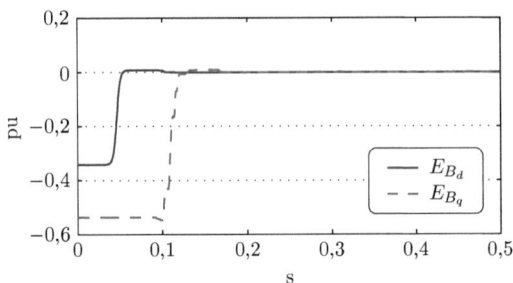

FIGURE 4.3 – Erreurs d'estimation à l'équilibre.

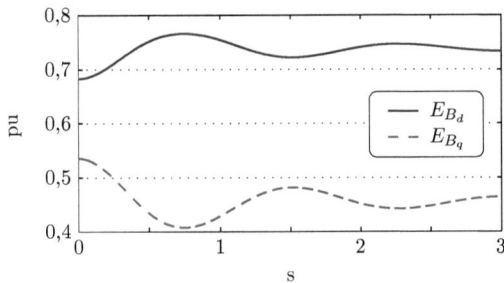

FIGURE 4.4 – Illustration des oscillations du rotor.

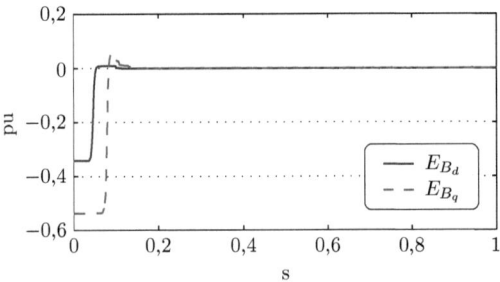

FIGURE 4.5 – Erreurs d'estimation en présence d'oscillations du rotor.

4.5 Conclusions

En ce qui concerne l'applicabilité de la technique d'immersion présentée dans ce chapitre, nous avons déjà vu un exemple d'application à l'estimation de l'état dans un système de production d'énergie électrique. Une deuxième application, plus importante et toujours dans le domaine de la conversion de l'énergie, sera présentée au chapitre suivant.

5 Observation de la machine asynchrone

L'objectif de ce chapitre est de montrer dans quelle mesure la technique d'immersion proposée au chapitre 4 peut s'utiliser pour résoudre des problèmes d'estimation pour la machine asynchrone. Il s'avère que la méthode en question peut s'appliquer pour tout un éventail de combinaisons de variables d'état et de paramètres à estimer, qui s'étend de la situation où seul le flux est inconnu à celle où l'estimation simultanée du flux, de la vitesse mécanique, du couple de charge et de tous les paramètres électriques est nécessaire. Des résultats obtenus en simulation ainsi que sur des données réelles donnent une image du potentiel de l'approche considérée.

5.1 Modèle mathématique de la machine asynchrone

Comme il a été illustré pour la machine synchrone au paragraphe 4.4, le modèle des machine électriques comporte deux parties couplées : une partie électrique et une partie mécanique. En toute généralité, le modèle de la partie électrique de la machine asynchrone est de la forme

$$\dot{x} = F(\theta, \omega_r)x + G(\theta)u$$
$$y = Hx$$

où ω_r désigne la vitesse mécanique, θ désigne le vecteur des paramètres électriques et l'entrée u et la sortie y sont respectivement la tension et le courant aux bornes du stator.

Habituellement, le vecteur x est constitué de deux variables électriques (au choix entre les courants et les flux statoriques et rotoriques), représentées par les coordonnées des phaseurs correspondants dans un repère biphasé

5.1 Modèle mathématique de la machine asynchrone

d-q dont l'orientation est choisie, comme les variables d'état, d'une manière qui convienne pour une certaine stratégie de commande (une bonne synthèse de ces aspects est faite dans [Vas 1998]). À titre d'exemple, mentionnons qu'une première technique efficace de contrôle de la machine asynchrone a été obtenue suite à l'orientation de l'axe **d** du repère biphasé selon le phaseur flux rotorique [Leonhard 1996] ; il s'agit, en termes anglo-saxons, de *Rotor-Flux-Oriented Control*, qui marque d'ailleurs l'apparition de la commande dite *vectorielle*.

Pour notre étude, on choisit comme variables d'état le courant et le flux statorique et un repère fixé au stator, noté habituellement α-β, pour exprimer leurs équations différentielles. La motivation de ce choix vient du fait qu'il est possible de synthétiser en s'appuyant sur cette représentation une loi de commande non linéaire par retour d'état linéarisant [Bornard et al. 2000]. Ceci constitue une motivation supplémentaire pour estimer l'état et les paramètres dans cette configuration, bien que ce choix particulier n'ait aucune incidence sur le problème d'estimation dans sa généralité.

En récapitulant, les signaux impliqués dans le modèle de la partie électrique sont, compte tenu du choix qui a été fait,

$$u = \begin{bmatrix} u_{s\alpha} & u_{s\beta} \end{bmatrix}^T \qquad x = \begin{bmatrix} i_{s\alpha} & i_{s\beta} & \phi_{s\alpha} & \phi_{s\beta} \end{bmatrix}^T \qquad y = \begin{bmatrix} i_{s\alpha} & i_{s\beta} \end{bmatrix}^T.$$

Le développement complet pour obtenir les équations qui correspondent à cette configuration à partir du modèle complet en grandeurs triphasées est disponible, par exemple, dans [Chatelain 1990]. Ici, on donne directement les matrices $F(\theta, \omega_r)$ et $G(\theta)$, pour lesquelles on obtient une écriture adaptée à nos besoins à l'aide des définitions de paramètres suivantes

$$\theta_1 := \frac{R_r}{\sigma L_r} \qquad \theta_2 := \frac{R_s}{\sigma L_s} \qquad \theta_3 := \frac{R_r R_s}{\sigma L_r L_s}$$
$$\theta_4 := \frac{1}{\sigma L_s} \qquad \theta_5 := \frac{R_r}{\sigma L_s L_r} \qquad \theta_6 := R_s$$

avec $\sigma = 1 - \frac{M^2}{L_s L_r}$, où R désigne une résistance, L désigne une inductance, M désigne l'inductance mutuelle maximale entre un enroulement statorique et un enroulement rotorique et les indices r et s font référence au rotor et au stator respectivement. Ainsi, nous avons

$$F(\theta, \omega_r) = \begin{bmatrix} -(\theta_1 + \theta_2)I + p\omega_r J & \theta_5 I - p\theta_4 \omega_r J \\ -\theta_6 I & Z \end{bmatrix} \quad G(\theta) = \begin{bmatrix} \theta_4 I \\ I \end{bmatrix}$$

$$H = \begin{bmatrix} I & Z \end{bmatrix}$$

où

$$I = \begin{bmatrix} 1 & 0 \\ 0 & 1 \end{bmatrix} \qquad J = \begin{bmatrix} 0 & -1 \\ 1 & 0 \end{bmatrix} \qquad Z = \begin{bmatrix} 0 & 0 \\ 0 & 0 \end{bmatrix}$$

et p représente le nombre de paires de pôles de la machine.

En ce qui concerne la partie mécanique, sa dynamique est gouvernée par l'équation

$$\dot{\omega}_r = -\frac{f_v}{J_m}\omega_r + \frac{1}{J_m}(\tau_e - \tau_l)$$

où f_v représente le coefficient de frottement visqueux, J_m représente la constante d'inertie, τ_l représente le couple de charge et τ_e représente le couple électromagnétique, ce dernier ayant pour expression en fonction des variables d'état considérées,

$$\tau_e = p(i_{s\beta}\phi_{s\alpha} - i_{s\alpha}\phi_{s\beta}).$$

Pour conclure, nous avons obtenu un modèle du cinquième ordre, qui, en ce qui concerne l'estimation, n'est linéaire que si la vitesse est mesurée et tous les paramètres sont connus. Pour toute autre configuration, ce modèle devient non linéaire et a priori il n'existe pas de solution systématique au problème d'estimation.

5.2 Problématique et panorama bibliographique

La machine asynchrone n'a suscité beaucoup d'intérêt pour les applications industrielles que suite à l'apparition des convertisseurs statiques d'énergie électrique il y a quelques décennies, moment à partir duquel elle a commencé à être abondamment étudiée par la communauté des automaticiens en réponse

5.2 Problématique et panorama bibliographique

aux besoins réels exprimés par le milieu industriel, mais aussi par suite des problèmes de contrôle stimulants qui venaient d'être ouverts (une vue d'ensemble est présentée, par exemple, dans [Canudas de Wit 2000]).

L'un des problèmes considérés concerne la reconstruction, à partir des mesures effectuées, de l'information qui caractérise le procédé et son fonctionnement en vue du contrôle ou de la surveillance. La motivation vient du fait que généralement, en ce qui concerne l'utilisation de la machine pour des applications industrielles, le flux n'est pas mesuré et l'emploi de capteurs de vitesse est parfois indésirable pour des raisons de fiabilité et/ou de coût. L'estimation du flux seul ne pose pas beaucoup de problèmes en théorie, ce qui fait que des solutions fiables sont disponibles déjà depuis quelque temps [Bellini et al. 1988, Verghese et Sanders 1988]. En outre, la machine asynchrone possède une propriété de *passivité* qui est particulièrement intéressante pour la synthèse d'observateurs de flux [Ortega et Espinosa 1991, Martin et Rouchon 2000].

Néanmoins, l'applicabilité de ces solutions est conditionnée par la connaissance exacte des paramètres électriques, qui dans le cas de la machine asynchrone est plutôt incertaine durant le fonctionnement (en particulier, les paramètres les plus concernés sont les résistances, qui peuvent varier en fonction de la température). Il est intéressant de mentionner ici qu'il est impossible d'identifier tous les cinq paramètres électriques fondamentaux à partir de l'information entrée-sortie dont on dispose, même si la vitesse mécanique est connue. En réalité, on ne peut estimer que des variables qui sont en bijection avec $\frac{L_r}{R_r}$, R_s, L_s et σ [Besançon et al. 2001].

Inversement, l'estimation des paramètres nécessite habituellement la connaissance des variables d'état, ce qui nous conduit à un problème d'estimation simultanée d'état et de paramètres, reconnu pour être difficile en ce qui concerne la machine asynchrone, d'où le grand volume de travaux de recherche menés dans cette direction dans la communauté des automaticiens. Le survol de la littérature donné ci-après ne peut évidemment pas prétendre couvrir tous les résultats disponibles à ce jour, mais seulement une partie d'entre eux, que nous jugeons suffisamment significative.

Le filtre de Kalman *étendu* représente peut-être la solution la plus employée pour l'estimation simultanée d'état et de paramètres. Son application à la machine asynchrone a permis de contourner des problèmes dus au manque de mesures du côté du rotor et a conduit à des solutions pour l'estimation de différents états, paramètres ou combinaisons des deux associés à cette partie de la machine, par exemple : courant et résistance [Atkinson et al. 1991], courant [Capolino et Du 1991], flux et résistance [Dell'Aquila et al. 1991], constante de temps [Zai et al. 1992, Mueller 1999], flux et constante de temps [Salvatore et al. 1993], flux et vitesse [Kim et al. 1994, Hilairet et al. 2000], résistance et vitesse [El Moucary et al. 1999]. Les inconvénients majeurs de cette méthode sont l'impossibilité de garantir la convergence globale, une précision relativement faible à basse vitesse mécanique et un coût élevé en termes de ressources de calcul nécessaires, bien que ce dernier critère soit subjectif vu l'évolution continue des performances des moyens de calcul disponibles sur le marché. Toutefois, une méthode plus simple a émergé du filtre de Kalman étendu ; elle s'appuie sur l'erreur de sortie d'un modèle de prédiction et a été utilisé pour l'estimation de paramètres [Børsting et al. 1994], puis étendue pour inclure aussi l'estimation de la vitesse [Gorter et al. 1995]. Les performances obtenues sont supérieures à celles des méthodes standard qui s'appuient sur le fonctionnement à l'équilibre, mais les résultats ne sont toujours pas assez précis.

Une approche différente s'appuie sur des transformations qui conduisent à l'élimination des états qui ne sont pas mesurés dans le modèle, notamment le flux et la vitesse. L'identification des paramètres se fait en utilisant des algorithmes du type « moindres carrés » comme dans [Stephan et al. 1994, de Souza Ribeiro et al. 2000, Alonge et al. 2001] ou l'approche adaptative avec modèle de référence [Pavlov et Zaremba 2001]. Notons que les transformations qui produisent des régressions linéaires utilisent généralement les dérivées et/ou les intégrales des signaux mesurés et par conséquent la précision des estimations peut se dégrader considérablement quand le système fonctionne près des fréquences de coupure des filtres employés pour le calcul effectif de ces signaux-là. De plus, les régressions utilisées pour les différents paramètres ne sont habituellement

5.2 Problématique et panorama bibliographique

pas tout à fait cohérents avec le modèle sur toute la plage de fonctionnement de la machine, une bonne estimation étant garantie dans chaque cas autour de points de fonctionnement particuliers (une bonne illustration de cet aspect est donnée dans [Zamora et García Cerrada 2000]).

En ce qui concerne les observateurs qui s'appuient sur le modèle non linéaire de la machine, citons dans un premier temps [Marino et al. 2000], où les résistances statorique et rotorique sont estimées à partir de mesures de vitesse mécanique et de courant et de tension statoriques. En utilisant la même information, une solution plus récente [Castaldi et al. 2005] présente un observateur adaptatif pour l'estimation en ligne des paramètres et de l'état. Dans les deux cas, l'observateur obtenu est sur-paramétrisé. De plus, les solutions s'appuient sur l'intégration en boucle ouverte de certains signaux, ce qui peut conduire à la dégradation de la précision en régime de fonctionnement à basse vitesse. Apparemment, il existe très peu de résultats publiés sur l'estimation simultanée de l'état et de la vitesse mécanique, ainsi que sur l'estimation de paramètres sans mesure de vitesse, qui utilisent un observateur non linéaire. En réalité, les résultats disponibles sur l'estimation de la vitesse sont, en grande partie, associés à des stratégies de contrôle, et la plupart d'entre eux utilisent soit la mesure, soit la prédiction en boucle ouverte du flux, tout en s'appuyant sur la connaissance exacte des paramètres électriques [Montanari et al. 2003, Ghanes et al. 2004, Marino et al. 2004, Ghanes et al. 2005]. Toujours sous l'hypothèse de la connaissance des paramètres électriques, une solution pour l'estimation simultanée du flux et de la vitesse mécanique est présentée dans [Ghanes et al. 2006] et une solution pour l'estimation de la vitesse dans le cadre d'une stratégie de contrôle qui ne s'appuie pas sur la connaissance du flux est présentée dans [Montanari et al. 2006].

Un aspect très important à mentionner vis-à-vis de l'observation de la machine asynchrone concerne les problèmes d'observabilité liées au fonctionnement sans capteur de vitesse. Les études d'observabilité qui ont été menés vis-à-vis de ces conditions [Canudas de Wit et al. 2000, Ibarra Rojas et al. 2004] montrent que le système devient inobservable à vitesse synchrone nulle et vitesse mécanique constante. Dans le plan (τ_e, ω_r), le lieu des points dans lesquels le système est inobservable est une droite—appelée la *droite d'inobservabilité* du moteur— qui passe par l'origine et est incluse dans les quadrants qui correspondent au mode de fonctionnement générateur. Notons que pour les valeurs de couple générateur dans la plage couverte par la machine en mode moteur, la perte d'observabilité survient d'habitude à vitesse mécanique basse.

En ce qui concerne l'estimation des paramètres quand le moteur fonctionne près de la région d'inobservabilité, des solutions spéciales sont proposées, telles que l'utilisation d'une source de tension particulière [Akatsu et Kawamura 2000] pour l'estimation de la résistance rotorique en proportion avec la résistance statorique, ou l'utilisation d'un profil du type MLI[1] modifié [de Souza Ribeiro et al. 2000] afin de garantir suffisamment d'excitation pour l'application d'un algorithme d'identification du type « moindres carrés ». Quant à l'estimation de l'état dans ces conditions, mentionnons par exemple la solution pour l'estimation du flux dans [Ha et Sul 1999], qui utilise à vitesse synchrone nulle l'injection de signaux d'excitation de haute fréquence. Quelques potentielles sources de problèmes supplémentaires liés au fonctionnement dans la région de la droite d'inobservabilité sont examinées dans [Holtz et Quan 2002], où l'estimation de la résistance statorique, du flux statorique et de la vitesse mécanique est réalisée en boucle ouverte et utilise des intégrateurs purs. L'idée de supprimer le terme de correction de l'observateur quand le système fonctionne près de la droite d'inobservabilité apparaît également dans [Ghanes et al. 2004, Ghanes et al. 2005, Ghanes et al. 2006].

La solution alternative que nous proposons ici au problème d'estimation de la machine asynchrone s'appuie d'une part sur l'immersion du système à travers la technique présentée au paragraphe 4.2 et, d'autre part, sur l'utilisation d'un observateur du type présenté au paragraphe 3.1. À la lumière des résultats préliminaires [Besançon 2001, Besançon et Țiclea 2003], on verra au paragraphe suivant que cette approche peut effectivement constituer une méthodologie systématique pour l'estimation de différentes combinaisons de variables d'état et

---

1. Acronyme de *Modulation de Largeur d'Impulsions*.

de paramètres de la machine asynchrone.

5.3 Immersions du modèle de la machine asynchrone

Étant donné le modèle présenté au paragraphe 5.1, dans ce qui suit on considère que seuls les paramètres f_v et J_m de la partie mécanique sont toujours connus, toutes les autres variables étant en principe à estimer.

Notre approche du problème suppose principalement l'immersion du système dans une forme affine, ce qui n'est possible que si les variables inconnues sont variables d'état du système à immerger. Par conséquent, avant de procéder à l'immersion proprement-dite, une première extension dynamique du système original est nécessaire. Cette extension (d'ailleurs identique à celle qui serait effectuée pour la synthèse d'un filtre de Kalman étendu), concerne les paramètres électriques $\frac{L_r}{R_r}$, R_s, L_s et σ et le couple de charge τ_l. Faute de connaissance de leurs dynamiques, ces variables seront assimilées, par rapport à la dynamique de l'observateur employé, à des constantes.

Avant d'illustrer la construction de l'immersion, récapitulons l'ensemble de base à partir duquel on peut choisir les différentes combinaisons de variables à estimer :

$$i_s \qquad \phi_s \qquad \frac{L_r}{R_r} \qquad R_s \qquad L_s \qquad \sigma \qquad \omega_r \qquad \tau_l.$$

Il s'ensuit qu'après l'extension dynamique préliminaire, le système à immerger peut atteindre l'ordre dix, le pire des cas se traduisant par une immersion à partir de cet ordre sans exploiter la mesure de vitesse.

Estimation complète avec mesure de vitesse

On s'intéresse dans un premier temps à l'immersion du système étendu d'ordre dix dans une forme affine avec injection de sortie en considérant que les variables de sortie mesurées sont le courant statorique et la vitesse mécanique.

En appliquant la procédure 4.3, les équations des variables mesurées s'écrivent

$$\tfrac{\mathrm{d}}{\mathrm{d}t} i_s = -y \cdot \theta_1 - y \cdot \theta_2 + p\omega_r J \cdot i_s + \theta_5 \phi_s - p\omega_r J \cdot \theta_4 \phi_s + u \cdot \theta_4$$

$$\tfrac{\mathrm{d}}{\mathrm{d}t} \omega_r = -\frac{f_v}{J_m} \cdot \omega_r + \frac{1}{J_m} p y^T J \cdot \phi_s - \frac{1}{J_m} \cdot \tau_l$$

où nous avons déjà utilisé la dépendance explicite en y et ω_r pour obtenir des structures affines, pourvu que θ_1, θ_2, θ_4, ϕ_s, $\theta_5\phi_s$, $\theta_4\phi_s$ et τ_l soient pris comme variables d'état.

Pour les variables impliquant le flux nous avons d'abord

$$\tfrac{\mathrm{d}}{\mathrm{d}t} \phi_s = -y \cdot \theta_6 + u,$$

ce qui donne θ_6 comme nouvelle variable d'état, puis

$$\tfrac{\mathrm{d}}{\mathrm{d}t}(\theta_5 \phi_s) = -y \cdot \theta_3 + u \cdot \theta_5,$$

avec θ_3 et θ_5 nouvelles variables d'état, et finalement

$$\tfrac{\mathrm{d}}{\mathrm{d}t}(\theta_4 \phi_s) = -y \cdot \theta_2 + u \cdot \theta_4,$$

cette dernière équation ayant une structure affine par rapport à des variables d'état déjà créées. La construction est donc achevée, la transformation étant donnée par

$$z = \begin{bmatrix} i_s & \phi_s & \theta_5\phi_s & \theta_4\phi_s & \omega_r & \tau_l & \theta_1 & \cdots & \theta_6 \end{bmatrix}^T \in \mathbb{R}^{16}.$$

Il est clair que cette transformation est injective, ce qui signifie que le système obtenu possède les mêmes propriétés d'observabilité que le système de départ (à toute trajectoire dans les coordonnées de départ il corresponde une trajectoire unique dans les nouvelles coordonnées).

On note cependant que le prix pour obtenir une forme affine se traduit par une certaine redondance des variables dans le vecteur d'état estimé par l'observateur. Par exemple, nous disposons de plusieurs estimations de ϕ_s ou, vu sous un autre angle, de θ_4 et θ_5. En outre, il existe plusieurs possibilités pour récupérer les paramètres électriques de base à partir des estimations de

5.3 Immersions du modèle de la machine asynchrone

$\theta_1, \ldots, \theta_6$. Les différentes estimations que l'on peut obtenir dans les coordonnées de départ ne peuvent coïncider que si la trajectoire d'état estimée dans les nouvelles coordonnées est restreinte à l'image de la transformation d'immersion.

Il est utile à noter à ce point que pour l'estimation simultanée d'état et de paramètres de la machine asynchrone dans cette configuration, une étude de la sensibilité des estimations des combinaisons $\theta_1 + \theta_2$, θ_4 et θ_5 aux erreurs dans l'estimation du flux et de θ_6 a été menée dans [Alamir 2002]. En particulier, il est montré que θ_5 est très sensible aux erreurs d'estimation du flux, qui peuvent se retrouver dans l'estimation de cette variable multipliées par un facteur qui peut atteindre l'ordre 10^4.

Lors des différentes tests en simulation que nous avons effectués pour notre méthode, nous avons bien retrouvé cette sensibilité particulièrement importante, mais pour la variable $\theta_5 \phi_s$, avec des répercussions importantes sur l'estimation de θ_3, mais pas sur celle de θ_5 (l'estimation de ces deux variables dépend directement de l'estimation de $\theta_5 \phi_s$). Pour cette raison, l'utilisation de θ_3 pour le calcul des paramètres électriques de base est plutôt à proscrire et il en va de même pour θ_6 qui manifeste aussi une sensibilité importante, due à son ordre de grandeur, très petit par rapport à celui des autres variables. En fait, la solution la plus fiable pour récupérer les paramètres électriques de base semble celle qui utilise les combinaisons qui apparaissent déjà dans le modèle de départ :

$$L_s = \frac{\theta_1}{\theta_5} \qquad R_s = \frac{\theta_2}{\theta_4} \qquad \frac{L_r}{R_r} = \frac{\theta_4}{\theta_5} \qquad \sigma = \frac{\theta_5}{\theta_4 \theta_1}.$$

Estimation d'état sans mesure de vitesse

En supposant que les paramètres électriques sont connus, nous sommes amenés à immerger un système du sixième ordre en supposant que la vitesse mécanique n'est pas mesurée. On commence avec l'équation de la variable mesurée :

$$\tfrac{d}{dt} i_s = -(\theta_1 + \theta_2) \cdot i_s + pJy \cdot \omega_r + \theta_5 \cdot \phi_s - pJ\theta_4 \cdot \omega_r \phi_s + \theta_4 u$$

et on rajoute les variables d'état ω_r, ϕ_s et $\omega_r\phi_s$. Les équations différentielles de ϕ_s et ω_r ont déjà une structure affine :

$$\frac{\mathrm{d}}{\mathrm{d}t}\phi_s = -\theta_6 \cdot i_s + u$$

$$\frac{\mathrm{d}}{\mathrm{d}t}\omega_r = -\frac{f_v}{J_m} \cdot \omega_r + \frac{1}{J_m}py^T J \cdot \phi_s - \frac{1}{J_m} \cdot \tau_l$$

avec τ_l nouvelle variable d'état. Quant à la non linéarité $\omega_r\phi_s$, nous avons

$$\frac{\mathrm{d}}{\mathrm{d}t}(\omega_r\phi_s) = -\frac{f_v}{J_m} \cdot \omega_r\phi_s + \frac{p}{J_m}\begin{bmatrix} y(2) \cdot \phi_{s\alpha}{}^2 - y(1) \cdot \phi_{s\alpha}\phi_{s\beta} \\ y(2) \cdot \phi_{s\alpha}\phi_{s\beta} - y(1) \cdot \phi_{s\beta}{}^2 \end{bmatrix} - \frac{1}{J_m} \cdot \tau_l\phi_s$$
$$+ (-\theta_6 y + u) \cdot \omega_r,$$

d'où nous extrayons les variables d'état $\phi_{s\alpha}{}^2$, $\phi_{s\beta}{}^2$, $\phi_{s\alpha}\phi_{s\beta}$ et $\tau_l\phi_s$, qui satisfont les équations différentielles

$$\frac{\mathrm{d}}{\mathrm{d}t}(\phi_{s\alpha}{}^2) = 2[-\theta_6 y(1) + u(1)] \cdot \phi_{s\alpha}$$
$$\frac{\mathrm{d}}{\mathrm{d}t}(\phi_{s\beta}{}^2) = 2[-\theta_6 y(2) + u(2)] \cdot \phi_{s\beta}$$
$$\frac{\mathrm{d}}{\mathrm{d}t}(\phi_{s\alpha}\phi_{s\beta}) = [-\theta_6 y(1) + u(1)] \cdot \phi_{s\beta} + [-\theta_6 y(2) + u(2)] \cdot \phi_{s\alpha}$$
$$\frac{\mathrm{d}}{\mathrm{d}t}(\tau_l\phi_s) = (-\theta_6 y + u) \cdot \tau_l,$$

donc la construction est achevée. Les composantes de la transformation sont

$$z = \begin{bmatrix} i_s & \phi_s & \omega_r & \omega_r\phi_s & \phi_{s\alpha}{}^2 & \phi_{s\beta}{}^2 & \phi_{s\alpha}\phi_{s\beta} & \tau_l\phi_s & \tau_l \end{bmatrix}^T \in \mathbb{R}^{13},$$

ce qui représente une transformation injective.

Estimation complète sans mesure de vitesse

Dans ce qui suit, on va aborder l'immersion qui semble la plus difficile, à savoir l'immersion du système étendu d'ordre dix, sans utiliser la mesure de vitesse. Comme d'habitude, on commence avec l'équation de la sortie mesurée :

$$\frac{\mathrm{d}}{\mathrm{d}t}i_s = -y \cdot \theta_1 - y \cdot \theta_2 + pJy \cdot \omega_r + \theta_5\phi_s - pJ \cdot \omega_r\theta_4\phi_s + u \cdot \theta_4.$$

Les nouvelles variables d'état sont alors θ_1, θ_2, θ_4, ω_r, $\theta_5\phi_s$ et $\omega_r\theta_4\phi_s$.

5.3 Immersions du modèle de la machine asynchrone

L'équation différentielle de ω_r,

$$\tfrac{\mathrm{d}}{\mathrm{d}t}\omega_r = -\frac{f_v}{J_m}\cdot\omega_r + \frac{1}{J_m}py^T J\cdot\phi_s - \frac{1}{J_m}\cdot\tau_l$$

donne τ_l et ϕ_s comme nouvelles variables d'état, l'équation différentielle de cette dernière,

$$\tfrac{\mathrm{d}}{\mathrm{d}t}\phi_s = -y\cdot\theta_6 + u$$

donnant à son tour θ_6.

Puis, pour $\theta_5\phi_s$ nous avons

$$\tfrac{\mathrm{d}}{\mathrm{d}t}(\theta_5\phi_s) = -y\cdot\theta_3 + u\cdot\theta_5$$

avec θ_3 et θ_5 nouvelles variables d'état.

Quant à la non linéarité $\omega_r\theta_4\phi_s$, nous avons dans un premier temps

$$\begin{aligned}
\theta_4\phi_s\tfrac{\mathrm{d}}{\mathrm{d}t}\omega_r &= -\frac{f_v}{J_m}\omega_r\theta_4\phi_s + \frac{1}{J_m}py^T J\phi_s\theta_4\phi_s - \frac{1}{J_m}\tau_l\theta_4\phi_s \\
&= -\frac{f_v}{J_m}\cdot\omega_r\theta_4\phi_s + \frac{p}{J_m}\begin{bmatrix} y(2)\cdot\theta_4\phi_{s\alpha}{}^2 - y(1)\cdot\theta_4\phi_{s\alpha}\phi_{s\beta} \\ y(2)\cdot\theta_4\phi_{s\alpha}\phi_{s\beta} - y(1)\cdot\theta_4\phi_{s\beta}{}^2 \end{bmatrix} - \frac{1}{J_m}\cdot\tau_l\theta_4\phi_s
\end{aligned}$$

où la structure est affine si l'on considère les nouvelles variables d'état $\theta_4\phi_{s\alpha}{}^2$, $\theta_4\phi_{s\beta}{}^2$, $\theta_4\phi_{s\alpha}\phi_{s\beta}$ et $\tau_l\theta_4\phi_s$. On établit les équations des premières deux d'entre elles :

$$\begin{aligned}
\tfrac{\mathrm{d}}{\mathrm{d}t}(\theta_4\phi_{s\alpha}{}^2) &= 2\theta_4\phi_{s\alpha}[-y(1)\theta_6 + u(1)] \\
&= -2y(1)\cdot\theta_2\phi_{s\alpha} + 2u(1)\cdot\theta_4\phi_{s\alpha} \\
\tfrac{\mathrm{d}}{\mathrm{d}t}(\theta_4\phi_{s\beta}{}^2) &= 2\theta_4\phi_{s\beta}[-y(2)\theta_6 + u(2)] \\
&= -2y(2)\cdot\theta_2\phi_{s\beta} + 2u(2)\cdot\theta_4\phi_{s\beta}
\end{aligned}$$

ou bien, sous forme matricielle,

$$\tfrac{\mathrm{d}}{\mathrm{d}t}\begin{bmatrix}\theta_4\phi_{s\alpha}{}^2 \\ \theta_4\phi_{s\beta}{}^2\end{bmatrix} = 2\begin{bmatrix} u(1) & 0 \\ 0 & u(2) \end{bmatrix}\cdot\theta_4\phi_s - 2\begin{bmatrix} y(1) & 0 \\ 0 & y(2) \end{bmatrix}\cdot\theta_2\phi_s.$$

Nous sommes alors amenés à définir les variables d'état $\theta_2\phi_s$ et $\theta_4\phi_s$, pour lesquelles nous avons

$$\frac{\mathrm{d}}{\mathrm{d}t}(\theta_2\phi_s) = -y \cdot \theta_7 + u \cdot \theta_2$$
$$\frac{\mathrm{d}}{\mathrm{d}t}(\theta_4\phi_s) = -y \cdot \theta_2 + u \cdot \theta_4$$

où nous avons défini une nouvelle variable d'état $\theta_7 := \theta_2\theta_6$.

En revenant, pour $\theta_4\phi_{s\alpha}\phi_{s\beta}$ nous avons

$$\frac{\mathrm{d}}{\mathrm{d}t}(\theta_4\phi_{s\alpha}\phi_{s\beta}) = \theta_4\phi_{s\alpha}\frac{\mathrm{d}}{\mathrm{d}t}\phi_{s\beta} + \theta_4\phi_{s\beta}\frac{\mathrm{d}}{\mathrm{d}t}\phi_{s\alpha}$$
$$= \begin{bmatrix} u(2) & u(1) \end{bmatrix} \cdot \theta_4\phi_s - \begin{bmatrix} y(2) & y(1) \end{bmatrix} \cdot \theta_2\phi_s,$$

tandis que pour $\tau_l\theta_4\phi_s$ on écrit

$$\frac{\mathrm{d}}{\mathrm{d}t}(\tau_l\theta_4\phi_s) = -y \cdot \tau_l\theta_2 + u \cdot \tau_l\theta_4$$

et on crée les variables d'état $\tau_l\theta_2$ et $\tau_l\theta_4$.

Enfin, $\omega_r\theta_4\frac{\mathrm{d}}{\mathrm{d}t}\phi_s$ peut s'écrire

$$\omega_r\theta_4\frac{\mathrm{d}}{\mathrm{d}t}\phi_s = -y \cdot \theta_2\omega_r + u \cdot \theta_4\omega_r,$$

complétant le jeu des nouvelles variables avec $\theta_2\omega_r$ et $\theta_4\omega_r$ et achevant aussi la construction, car nous avons pour ces deux variables :

$$\frac{\mathrm{d}}{\mathrm{d}t}(\theta_2\omega_r) = -\frac{f_v}{J_m} \cdot \theta_2\omega_r + \frac{1}{J_m}py^TJ \cdot \theta_2\phi_s - \frac{1}{J_m} \cdot \tau_l\theta_2$$
$$\frac{\mathrm{d}}{\mathrm{d}t}(\theta_4\omega_r) = -\frac{f_v}{J_m} \cdot \theta_4\omega_r + \frac{1}{J_m}py^TJ \cdot \theta_4\phi_s - \frac{1}{J_m} \cdot \tau_l\theta_4$$

ces équations ayant des structures affines par rapport à des variables déjà créées.

On récapitule les nouvelles coordonnées :

$$z = \begin{bmatrix} i_s & \phi_s & \theta_2\phi_s & \theta_4\phi_s & \theta_5\phi_s & \theta_4\phi_{s\alpha}{}^2 \\ & \theta_4\phi_{s\beta}{}^2 & \theta_4\phi_{s\alpha}\phi_{s\beta} & \tau_l\theta_4\phi_s & \omega_r & \omega_r\theta_4\phi_s & \theta_2\omega_r \\ & & \theta_4\omega_r & \tau_l & \theta_2\tau_l & \theta_4\tau_l & \theta_1 & \cdots & \theta_7 \end{bmatrix}^T \in \mathbb{R}^{30}$$

et on note que la transformation est, comme dans les cas précédents, injective.

5.3 Immersions du modèle de la machine asynchrone

Remarque sur l'observation des dynamiques lentes

Lors de l'extension dynamique préliminaire, nous avons assimilé une partie des variables à estimer—faute de la connaissance précise de leur dynamique—à des constantes, dans l'espoir que la dynamique réelle sera beaucoup plus lente que la dynamique de l'observateur, et par l'effet de la transformation d'immersion cette hypothèse s'étend aussi à une partie des nouvelles variables d'état. Il est toutefois vrai que certaines variables dans cette catégorie—celles qui ne sont combinaisons que de paramètres électriques—possèdent normalement une dynamique très lente par comparaison avec la dynamique électrique, et même mécanique de la machine. L'objectif de ce sous-paragraphe est de rappeler de manière brève un résultat concernant la possibilité d'estimer les variables en question avec une vitesse de convergence réduite par rapport à la vitesse de convergence des autres variables. Cette technique peut constituer une solution pour réduire, si nécessaire, la sensibilité de l'observateur vis-à-vis du bruit de mesure.

Étant donné le vecteur qui rassemble les composantes de la transformation d'immersion, noté aux sous-paragraphes précédents z, soient z_θ le sous vecteur de toutes les variables qui ne dépendent que de paramètres électriques, $\dot{z}_\theta = 0$, et z_x le sous vecteur du reste des variables. La dynamique de ce dernier sous vecteur possède, par construction, une représentation de la forme

$$\dot{z}_x = A(u, \tilde{y})z_x + b(u) + \Psi(u, \tilde{y})z_\theta$$
$$\tilde{y} = C z_x$$

où le vecteur de sortie $\tilde{y}$ coïncide soit avec le vecteur i_s, soit avec le vecteur $\begin{bmatrix} i_s \\ \omega_r \end{bmatrix}$. Si l'entrée u est fixée, ce système se ramène à un système linéaire variable dans le temps pour lequel on peut construire, sous certaines hypothèses de persistance de l'entrée, un observateur adaptatif (vis-à-vis des « paramètres » z_θ) à convergence globale exponentielle [Zhang 2002]. Dans sa formulation générale, cet observateur pourrait paraître à première vue assez difficile à régler et pour cette raison on choisit de présenter une formulation particulière, due à Besançon et al. (2006), qui en fait ressortir l'étroite liaison avec l'observateur à facteur d'oubli exponentiel :

$$\begin{aligned}
\dot{\hat{z}}_x &= A(u,\tilde{y})\hat{z}_x + b(u) + \Psi(u,\tilde{y})\hat{z}_\theta + \left[\Lambda S_\theta^{-1}\Lambda^T C^T + S_x^{-1}C^T\right]Q(\tilde{y} - C\hat{z}_x) \\
\dot{\hat{z}}_\theta &= S_\theta^{-1}\Lambda^T C^T Q(\tilde{y} - C\hat{z}_x) \\
\dot{\Lambda} &= \left[A(u,\tilde{y}) - S_x^{-1}C^T Q C\right]\Lambda + \Psi(u,\tilde{y}) \\
\dot{S}_x &= -\lambda_x S_x - A(u,\tilde{y})^T S_x - S_x A(u,\tilde{y}) + C^T Q C \\
\dot{S}_\theta &= -\lambda_\theta S_\theta + \Lambda^T C^T Q C \Lambda
\end{aligned}$$

où les matrices $S_x(0)$, $S_\theta(0)$ et Q sont symétriques définies positives et λ_x et λ_θ sont des constantes positives suffisamment grandes. Les deux paramètres de réglage permettent alors d'obtenir des vitesses de convergence différentes pour l'estimation de z_x et z_θ respectivement. Quand $\lambda_x = \lambda_\theta = \lambda$, il est montré dans [Besançon et al. 2006] que cet observateur coïncide avec l'observateur à facteur d'oubli exponentiel (3.1) dont l'objet de l'estimation est le vecteur $z = \begin{bmatrix} z_x \\ z_\theta \end{bmatrix}$.

Ici, on choisit la simplicité d'un seul paramètre de réglage pour tester l'applicabilité de notre méthode d'estimation de la machine asynchrone. Une comparaison avec les résultats qui peuvent s'obtenir à l'aide de la solution d'observation adaptative est disponible dans [Ţiclea et Besançon 2008].

5.4 Résultats en simulation

L'objectif de ce paragraphe est d'illustrer à travers des simulations les résultats qui peuvent s'obtenir à l'aide de la méthode d'estimation proposée ci-avant. En particulier, l'idée est de montrer que le niveau d'excitation nécessaire pour la convergence de l'observateur employé peut être assuré dans des conditions habituelles de fonctionnement à l'intérieur d'une configuration qui inclut un onduleur de tension. Une configuration représentative de ce type est la boucle de contrôle de vitesse présentée par la figure 5.1, qui a servi comme banc d'essai pour notre méthode.

A l'intérieur de ce schéma de simulation, le comportement de la machine asynchrone est reproduit par l'intermédiaire du modèle présenté au paragraphe 5.1 dont les paramètres proviennent du banc d'essai « Machine asynchrone » du

5.4 Résultats en simulation

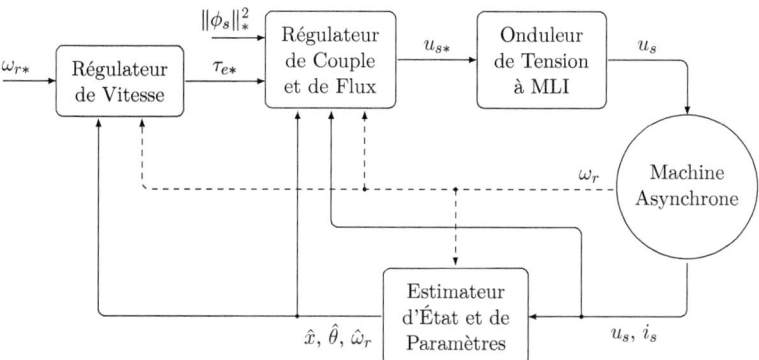

FIGURE 5.1 – Configuration simulée.

Laboratoire d'Automatique de Grenoble. Cette plate-forme expérimentale est construite autour d'une machine asynchrone à deux paires de pôles, de puissance nominale 7,5 kW, vitesse nominale 1450 tr/min et couple nominal 50 N·m. Les valeurs des paramètres électriques par rapport auxquelles les performances de l'observateur seront jugées sont fixées comme suit :

$$L_s = 0,097 \text{ H} \qquad L_r = 0,091 \text{ H} \qquad M = 0,091 \text{ H}$$
$$R_s = 0,63 \text{ } \Omega \qquad R_r = 0,4 \text{ } \Omega.$$

Quant aux paramètres mécaniques, leurs valeurs,

$$J_m = 0,22 \text{ kg} \cdot \text{m}^2 \qquad f_v = 0,001 \text{ N} \cdot \text{s/rad},$$

sont supposées toujours connues.

Pour l'entrée du modèle de la machine asynchrone, un profil du type MLI est obtenu par l'intermédiaire d'un modèle d'onduleur triphasé à six interrupteurs idéaux (c'est-à-dire à temps mort nul et à caractéristique idéale), suivant une stratégie de commande vectorielle.

Sans entrer dans trop de détails, mentionnons que, dans la stratégie employée, trente secteurs ayant la même ouverture angulaire sont définis dans le plan α-β et l'évolution dans ce plan du vecteur de référence à l'entrée de l'onduleur est échantillonnée à 1 kHz. Durant la période d'échantillonnage, appelée aussi *période de modulation*, la séquence de commutations des interrupteurs est telle que la moyenne du vecteur de sortie soit égale au vecteur placé au milieu du secteur dans lequel se trouve l'échantillon de référence, de norme égale à la norme de cet échantillon-ci [Labrique et al. 1995].

Le vecteur de référence à l'entrée de l'onduleur est fourni par un régulateur synthétisé selon les techniques de linéarisation entrée-sortie disponibles pour les machines asynchrones [von Raumer 1994, Bornard et al. 2000], qui a pour objectif de réguler la norme du flux autour de 1 Wb et le couple électromagnétique de la machine autour de la valeur imposée par un correcteur linéaire du type PI, ce dernier utilisé pour réguler la vitesse mécanique.

Mentionnons que cette stratégie de contrôle est choisie ici comme exemple de synthèse de loi de commande basée sur modèle, dépendant d'estimations effectuées en ligne, ce qui nous permet d'illustrer l'utilisation de la solution d'observation proposée dans une configuration en boucle fermée. En fait, toutes les variables qui interviennent dans la loi de commande et qui a priori sont considérées inconnues, sont remplacées par les estimations fournies par l'observateur.

En ce qui concerne l'observateur utilisé, on rappelle que l'observateur à facteur d'oubli exponentiel admet une formulation aussi bien en temps continu qu'en temps discret. Indifféremment de la version utilisée, on considère que les signaux mesurées sont affectés par du bruit de mesure à spectre suffisamment large pour être assimilé au bruit blanc, d'amplitude de crête d'environ 10 mV pour la tension statorique, 40 mA pour le courant statorique et 0,01 rad/s pour la vitesse mécanique. Il convient de mentionner ici que puisque l'observateur n'est pas optimal vis-à-vis du bruit de mesure, il faut d'habitude trouver un compromis entre la vitesse de convergence et la sensibilité par rapport au bruit en choisissant de manière convenable la valeur du facteur d'oubli (λ dans les équations (3.1) et (3.4)).

Résultats avec l'observateur implanté en temps continu

Pour implanter la formulation en temps continu de l'observateur à facteur d'oubli exponentiel, on utilise les équations (3.1) avec $\lambda = 10$ et $Q =$ matrice identité.

On s'intéressera dans ces conditions à l'estimation sans mesure de vitesse, dans les configurations des sous-paragraphes 5.3 et 5.3. Dans la configuration où nous sommes amenés à estimer aussi les paramètres électriques, une première estimation sera effectuée avec le système en boucle ouverte. Les valeurs estimées des paramètres seront ensuite utilisées pour initialiser l'observateur quand celui-ci est inclus dans la boucle de commande. Les performances de l'observateur—avec ou sans estimation de paramètres—seront jugées en boucle fermée en fonction de son comportement face à des perturbations et dans des différents conditions de fonctionnement, notamment à basse vitesse.

Estimation d'état sans mesure de vitesse

Pour l'estimation dans la configuration du paragraphe 5.3, on utilise le profil de consigne de vitesse et le profil d'évolution de couple de charge présentés par les figures 5.2 et 5.3 respectivement, où l'on trouve également les résultats en « poursuite » de ces évolutions. L'image sur les performances obtenues en estimation qui se dégage de ces résultats est positive, ce qui est confirmé par l'évolution des erreurs d'estimation des variables d'état présentée par la figure 5.4.

Estimation complète sans mesure de vitesse

On considère ici le problème d'estimation dans la configuration du paragraphe 5.3, c'est-à-dire l'estimation de l'état et de tous les paramètres électriques sans mesure de vitesse. Dans un premier temps, l'estimation sera réalisée en boucle ouverte ; l'objectif est d'obtenir une première estimation des paramètres électriques afin de disposer d'une bonne initialisation de l'observateur en boucle fermée.

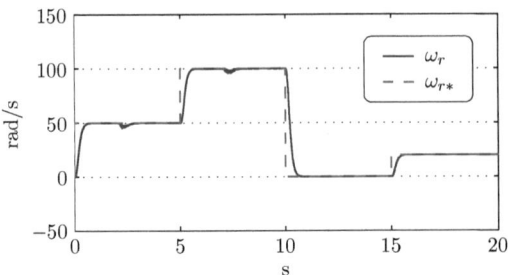

FIGURE 5.2 – Poursuite de vitesse dans la configuration du paragraphe 5.3.

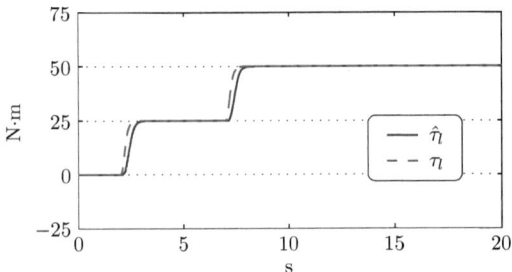

FIGURE 5.3 – Estimation du couple de charge dans la configuration du paragraphe 5.3.

Estimation en boucle ouverte En supposant que le système est initialement au repos, la référence de l'onduleur est donnée en termes de ses composantes α et β par deux sinusoïdes décalées de $\frac{\pi}{2}$, de fréquence 100 rad/s, ce qui correspond à une vitesse mécanique de 50 rad/s. L'observateur est initialisé avec des valeurs calculées en considérant de très petites erreurs d'estimation en ce qui concerne les variables d'état (qui ont initialement des valeurs nulles) et les erreurs suivantes en ce qui concerne les paramètres électriques :

$$L_r : -20\% \qquad L_s : -10\% \qquad M : -15\% \qquad R_r : +20\% \qquad R_s : +15\%$$

L'évolution des erreurs d'estimation est présentée par la figure 5.5.

5.4 Résultats en simulation

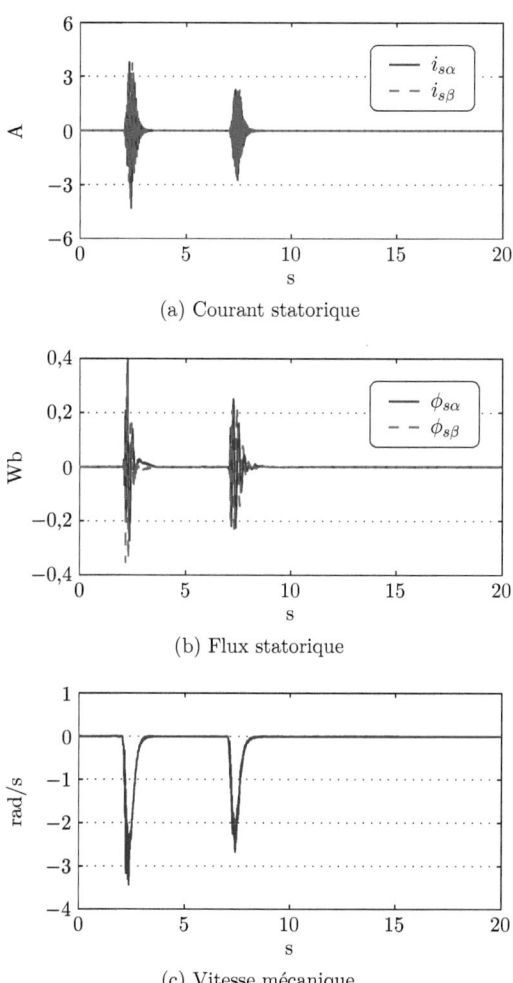

FIGURE 5.4 – Erreurs d'estimation des variables d'état dans la configuration du paragraphe 5.3.

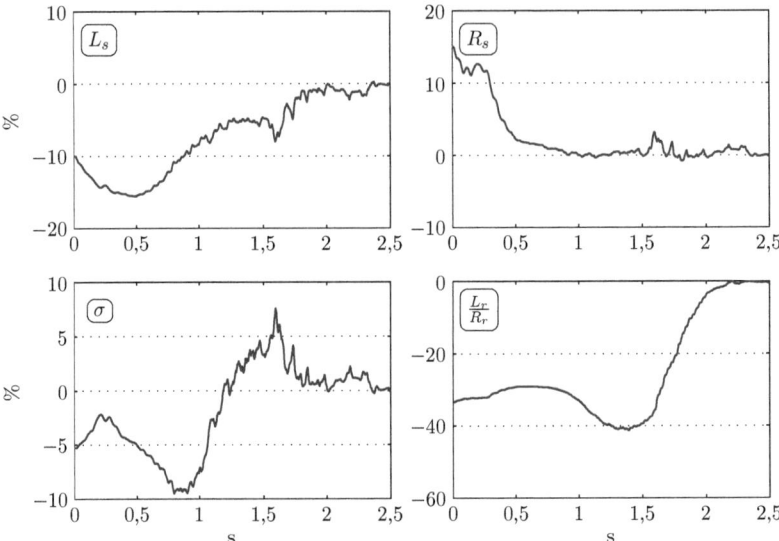

FIGURE 5.5 – Erreurs d'estimation des paramètres électriques en boucle ouverte dans la configuration du paragraphe 5.3.

Estimation en boucle fermée Vu les résultats obtenus en boucle ouverte, on suppose que l'observateur est initialisé avec les vraies valeurs des paramètres électriques, l'objectif étant, comme précédemment, d'analyser son comportement vis-à-vis des perturbations et pour des différentes valeurs de la vitesse mécanique. À cet égard, on utilise le profil de consigne de vitesse et le profil d'évolution de couple de charge présentés, conjointement avec les résultats qui y sont liés, par les figures 5.6 et 5.7 respectivement. Les résultats obtenus en estimation sont présentés dans la figure 5.8 pour les variables d'état et dans la figure 5.9 pour les paramètres électriques.

À vitesse constante, les estimations sont affectées en différente mesure par le bruit de mesure, mais en exceptant la résistance statorique et la constante de temps rotorique, on remarque peu de différences entre les points de fonctionnement considérés. L'estimation de la résistance statorique semble moins sensible au bruit de mesure à fréquences d'alimentation basses, alors que pour

5.4 Résultats en simulation

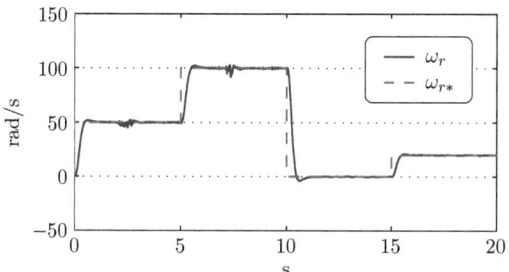

FIGURE 5.6 – Poursuite de vitesse dans la configuration du paragraphe 5.3.

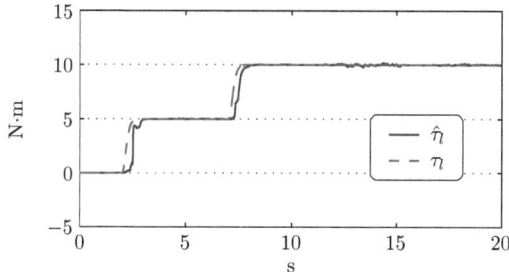

FIGURE 5.7 – Estimation du couple de charge dans la configuration du paragraphe 5.3.

la constante de temps rotorique on observe le contraire. L'erreur d'estimation reste toutefois acceptable pour cette dernière variable, malgré le fait qu'à vitesse mécanique nulle, pour le couple de charge considéré, la vitesse synchrone est assez faible (environ 2 rad/s).

Estimation près de la droite d'inobservabilité En réalité, on peut obtenir de bons résultats en simulation même en se plaçant dans les conditions où théoriquement le système n'est pas observable, à savoir à vitesse synchrone nulle et vitesse mécanique constante, non mesurée. On rappelle qu'une telle situation peut apparaître quand la machine fonctionne à vitesse mécanique basse sous l'action d'une charge génératrice.

Concrètement, l'objectif fixé ici est la régulation de la vitesse mécanique

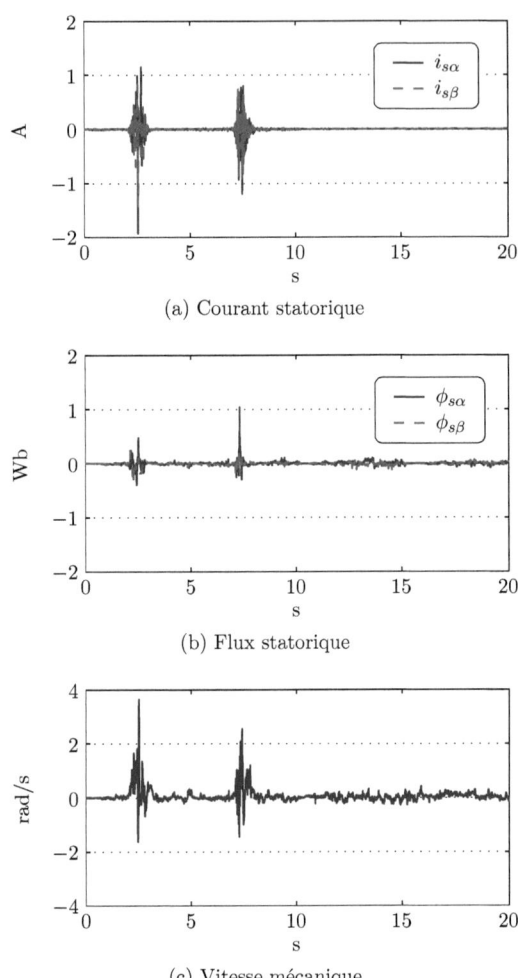

FIGURE 5.8 – Erreurs d'estimation des variables d'état dans la configuration du paragraphe 5.3.

5.4 Résultats en simulation

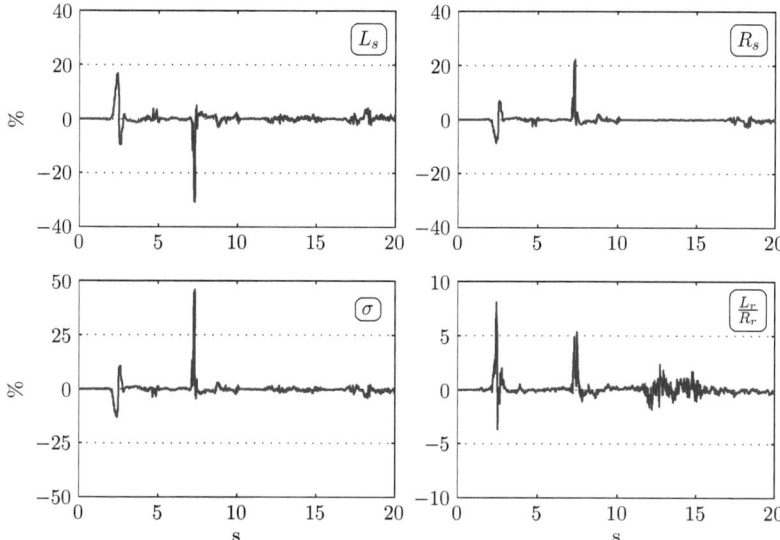

FIGURE 5.9 – Erreurs d'estimation des paramètres électriques dans la configuration du paragraphe 5.3.

autour de la valeur de 0,5 rad/s sous l'action d'une charge génératrice dont le couple correspond en régime établi à une vitesse synchrone nulle. Pour les valeurs de paramètres considérées ici, nous obtenons une valeur de couple de charge d'environ $-4{,}4$ N·m. Afin de diminuer l'effet du bruit de mesure, on ralentit l'observateur en posant $\lambda = 5$. Nous obtenons l'évolution du flux présentée par la figure 5.10. À titre d'illustration des performances obtenues en estimation, on ne présente que l'évolution des erreurs d'estimation des paramètres électriques, dans la figure 5.11.

Il est clair que la condition d'inobservabilité n'est pas rigoureusement satisfaite ici, à cause des variations dans les composantes du flux, dues notamment à la propagation du bruit de mesure dans la boucle de commande. Il s'agit néanmoins d'un fonctionnement près de la droite d'inobservabilité et les résultats obtenus montrent qu'un niveau suffisant d'excitation peut assurer la stabilité de l'observateur même dans les conditions de fonctionnement où, du point de

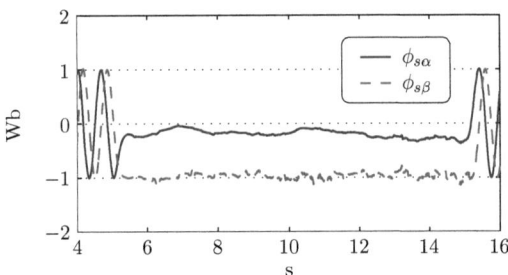

FIGURE 5.10 – Évolution des composantes du flux statorique en mode de fonctionnement générateur dans la configuration du paragraphe 5.3.

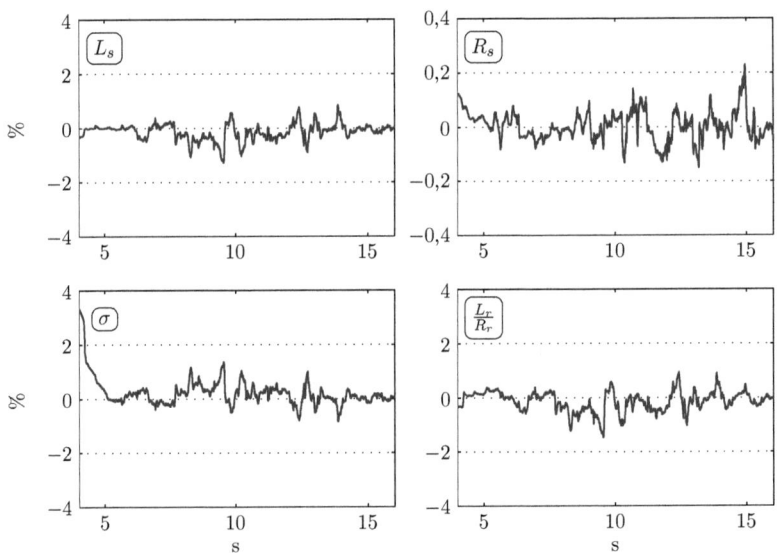

FIGURE 5.11 – Erreurs d'estimation des paramètres électriques en mode de fonctionnement générateur dans la configuration du paragraphe 5.3.

vue théorique, le système est sur le point de devenir inobservable.

En pratique on peut toutefois rencontrer des situations où le niveau d'excitation n'est pas suffisamment élevé; pour compenser ce manque, une solution possible serait d'injecter de l'excitation supplémentaire. Une telle situation est illustrée dans [Besançon et Țiclea 2003], où, en l'absence du bruit de mesure, de l'excitation additionnelle est utilisée afin de garantir la convergence et la stabilité de l'observateur en mode de fonctionnement générateur.

Note. Il convient de rappeler ici que pour l'observateur à facteur d'oubli exponentiel (3.1), la plus petite valeur propre de S est un indice de la persistance de l'entrée. Cet indice peut être surveillé en temps réel afin de détecter les situations « critiques » pour l'observateur.

Résultats avec l'observateur implanté en temps discret

Dans ce paragraphe on présente des résultats obtenus en simulation en utilisant la formulation en temps discret de l'observateur à facteur d'oubli exponentiel, donnée par les équations (3.4). Évidemment, l'emploi de cet observateur nécessite la discrétisation de la représentation obtenue après immersion, qui est en général de la forme

$$\dot{z} = A(u, \tilde{y})z + Bu$$
$$\tilde{y} = Cz$$

où le vecteur de sortie $\tilde{y}$ coïncide, comme nous l'avons déjà mentionné, soit avec le vecteur i_s, soit avec le vecteur $\begin{bmatrix} i_s \\ \omega_r \end{bmatrix}$.

Puisqu'il s'agit d'un système linéaire variable dans le temps du fait de la présence des signaux u, $\tilde{y}$ dans la partie homogène, on choisit de calculer l'équivalent en temps discret du système à chaque pas d'échantillonnage, par la méthode du bloqueur d'ordre zéro, en supposant que les signaux cités sont assimilables à des constantes durant la période d'échantillonnage. Plus précisément, si la période d'échantillonnage est égale à T_e, les matrices A_k et B_k de la représentation discrète équivalente s'obtiennent à $t = kT_e$ avec la relation suivante

[van Loan 1978] :
$$\begin{bmatrix} A_k & B_k \\ 0 & I_2 \end{bmatrix} = \mathrm{e}^{T_e \cdot \begin{bmatrix} A(u(kT_e), \tilde{y}(kT_e)) & B \\ 0 & 0 \end{bmatrix}}.$$

En ce qui concerne les paramètres de l'observateur, le choix de la valeur du facteur d'oubli λ se fait normalement en corrélation avec la valeur de la période d'échantillonnage ; ici, on utilise la formule $\lambda = \mathrm{e}^{-\alpha \cdot T_e}$, avec le choix de la période d'échantillonnage $T_e = 10^{-4}$ s et avec $\alpha = 10$. Quant à la matrice R_k, on utilise une matrice unité divisée par la période d'échantillonnage T_e.

Estimation complète avec mesure de vitesse

Du fait de la perte d'information par la discrétisation, l'estimation complète sans mesure de vitesse se révèle très difficile en simulation. Par conséquent, on ne donne, en ce qui concerne l'estimation complète, que des résultats avec mesure de vitesse.

On utilise les mêmes profils d'évolution de la consigne de vitesse et du couple de charge que nous avons utilisés pour l'estimation complète en temps continu, et nous obtenons les résultats en poursuite de vitesse et estimation de couple de charge présentés par les figures 5.12 et 5.13 respectivement. Les erreurs d'estimation vis-à-vis des variables d'état sont présentées dans la figure 5.14 et celles vis-à-vis des paramètres électriques, dans la figure 5.15.

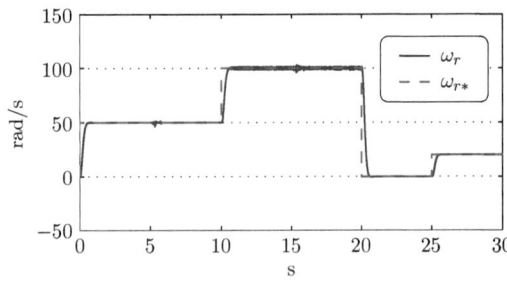

FIGURE 5.12 – Poursuite de vitesse dans la configuration du paragraphe 5.3.

5.4 Résultats en simulation

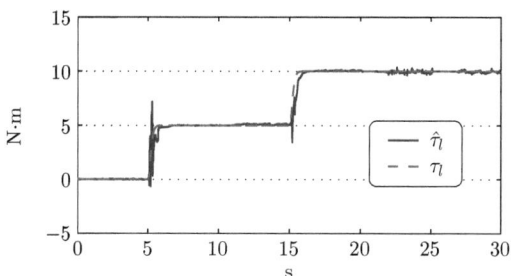

FIGURE 5.13 – Estimation du couple de charge dans la configuration du paragraphe 5.3.

À part le fait que l'estimation des paramètres devient plus difficile à vitesse nulle, un autre aspect important à remarquer est que l'estimation de la constante de temps rotorique n'est réalisée avec précision que lors des transitoires, ce qui confirme le fait que, au moins sous des conditions de simulation, l'estimation complète est plus difficile quand l'observateur est implanté en temps discret.

Estimation d'état sans mesure de vitesse

Les profils de consigne de vitesse et de couple de charge utilisés présentées par les figures 5.16 et 5.17 respectivement, ont les mêmes allures que dans le cas de l'estimation complète, la seule différence résidant dans l'évolution du couple de charge qui passe cette fois-ci à 50% puis à 100% du couple nominal de la machine. Les résultats en estimation sont présentés dans la figure 5.18.

Estimation près de la droite d'inobservabilité Comme dans le cas de l'observateur implanté en temps continu, on s'intéresse ici également à l'observation de la machine asynchrone en régime de fonctionnement près de la droite d'inobservabilité. On garde le même objectif qu'auparavant, à savoir la régulation de la vitesse mécanique autour de la valeur de 0,5 rad/s sous l'action d'un couple de charge d'environ $-4,4$ N · m. Enfin, on ralentit l'observateur par rapport aux autres simulations, en calculant le paramètre λ avec $\alpha = 5$.

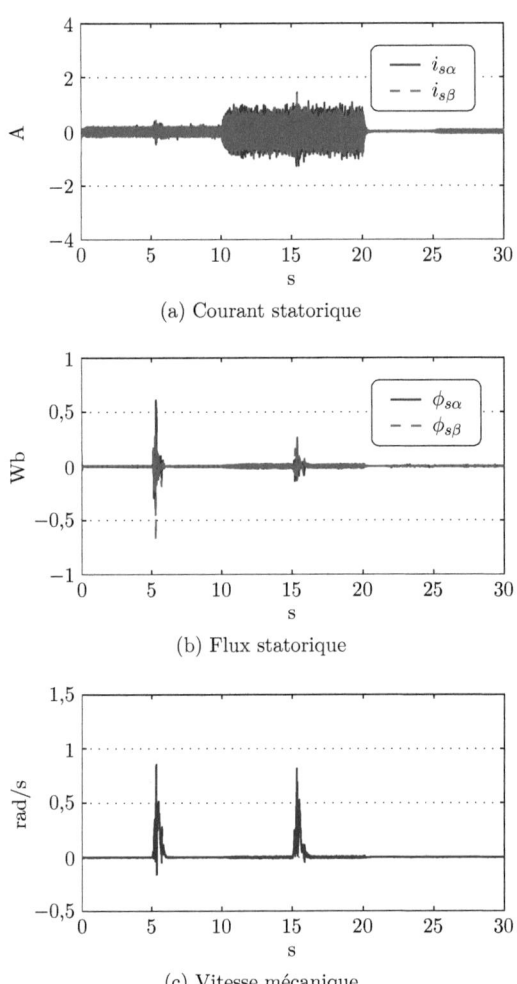

FIGURE 5.14 – Erreurs d'estimation des variables d'état dans la configuration du paragraphe 5.3.

5.4 Résultats en simulation

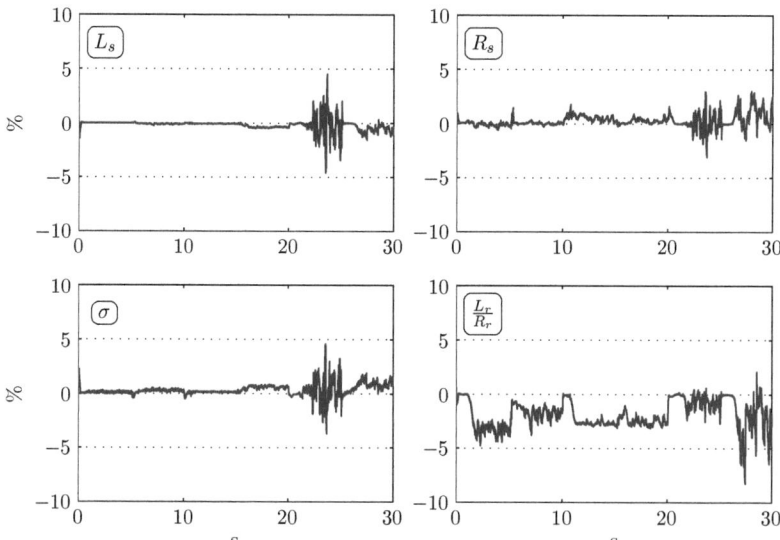

FIGURE 5.15 – Erreurs d'estimation des paramètres électriques dans la configuration du paragraphe 5.3.

L'évolution des composantes du flux statorique est présentée dans la figure 5.19. Les performances obtenues en estimation sont présentées par l'intermédiaire de l'évolution des erreurs d'estimation dans la figure 5.20.

Puisque le système se rapproche plus de la droite d'inobservabilité que lors

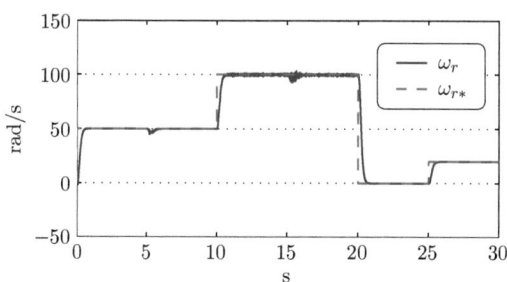

FIGURE 5.16 – Poursuite de vitesse dans la configuration du paragraphe 5.3.

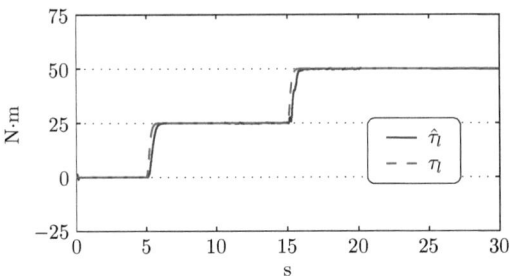

FIGURE 5.17 – Estimation du couple de charge dans la configuration du paragraphe 5.3.

de la simulation dans les même conditions en utilisant une implantation en temps continu de l'observateur, on peut remarquer une dégradation plus nette de la précision d'estimation. Pourtant, la boucle de commande assure un niveau d'excitation suffisant pour que les erreurs d'estimation restent dans des limites tout à fait acceptables.

5.5 Résultats sur des données réelles

L'objectif dans ce paragraphe est de réaliser une estimation des paramètres électriques de la machine autour de laquelle le banc d'essai « Machine asynchrone » du Laboratoire d'Automatique de Grenoble a été construit. Cette estimation est effectuée dans la configuration du paragraphe 5.3, c'est-à-dire en considérant que la vitesse est mesurée. Les données utilisées sont issues d'une campagne d'essais sur le banc et processées hors-ligne à l'aide de l'observateur à facteur d'oubli exponentiel implanté en temps discret.

En ce qui concerne le protocole d'acquisition des données, mentionnons que le système est commandé par un processeur de signal dont la période d'échantillonnage est fixée à 10^{-3} s et dont les programmes temps réel sont générés par le logiciel MATLAB. Le processeur de signal n'ayant pas la possibilité de stocker de larges quantités de données, nous n'avons disposé que des données sur des fenêtres de temps assez courtes (environ 6 s), tout en limitant les mesures à la

5.5 Résultats sur des données réelles

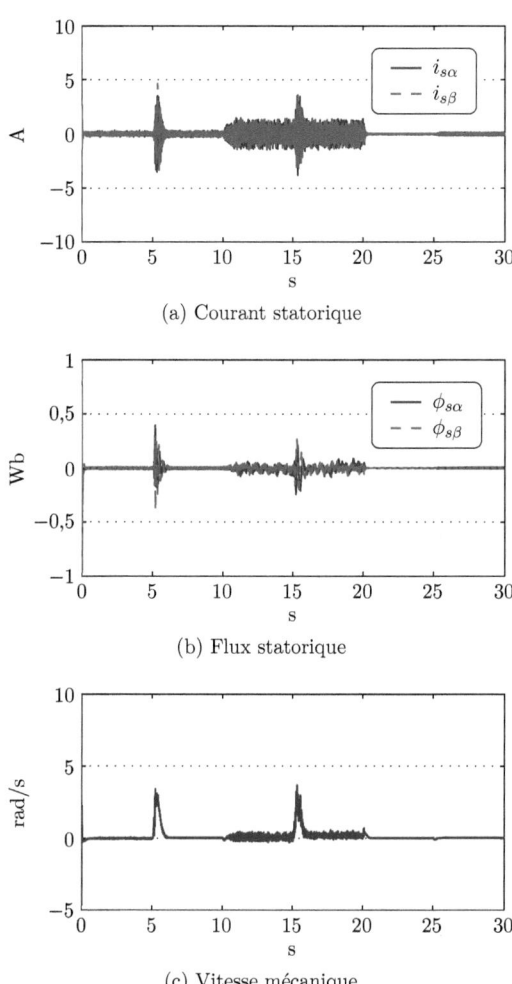

FIGURE 5.18 – Erreurs d'estimation des variables d'état dans la configuration du paragraphe 5.3.

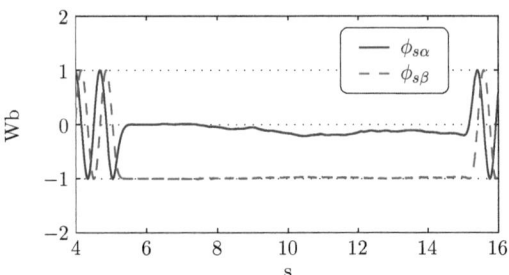

FIGURE 5.19 – Évolution des composantes du flux statorique en mode de fonctionnement générateur dans la configuration du paragraphe 5.3.

vitesse mécanique et au courant et à la tension aux bornes du stator (la machine possède également des capteurs de flux).

Les mesures ont été effectuées avec le système fonctionnant en boucle fermée. La boucle de commande englobe un contrôleur qui assure le découplage entrée-sortie par l'orientation du repère **d-q** selon le phaseur flux rotorique et un contrôleur de vitesse, mais, on le rappelle, elle n'inclut pas notre observateur.

Les données utilisées pour l'estimation représentent la réponse du système à un échelon de consigne de vitesse de 75 rad/s. La période d'échantillonnage de l'observateur est fixée à 10^{-3} s, le paramètre de réglage λ est calculé en utilisant la formule donnée ci-avant avec $\alpha = 50$ et la matrice R_k est la matrice identité divisée par la période d'échantillonnage. Quant à la condition initiale de l'observateur, elle est calculée en utilisant, en ce qui concerne les paramètres électriques, les valeurs suivantes :

$$L_s = 0,11 \text{ H} \qquad L_r = 0,08 \text{ H} \qquad M = 0,08 \text{ H}$$
$$R_s = 0,8 \text{ } \Omega \qquad R_r = 0,6 \text{ } \Omega.$$

La figure 5.21 présente l'évolution de la vitesse mécanique, réelle et estimée. Les valeurs estimées des paramètres électriques sont présentées par la figure 5.22, ces valeurs pouvant être jugées tout à fait réalistes, bien qu'elles soient encore « à valider ».

5.5 Résultats sur des données réelles

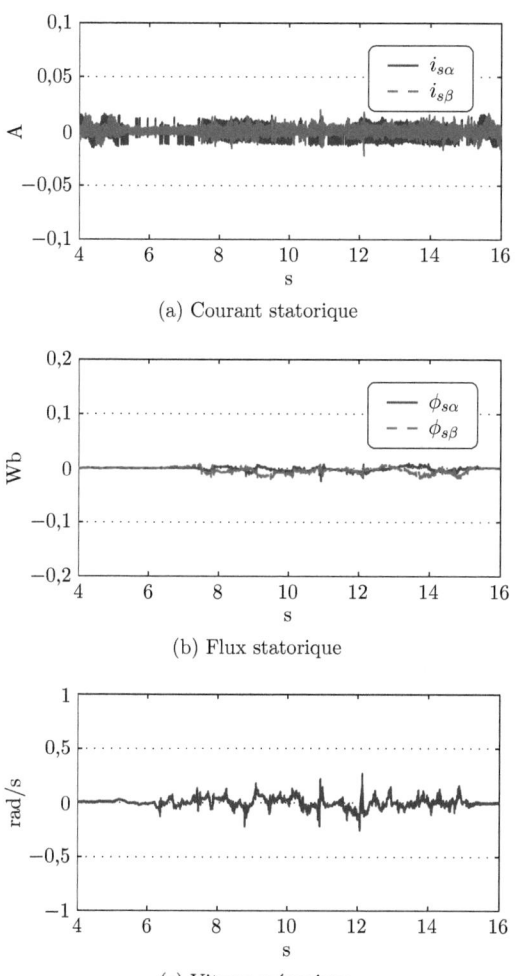

FIGURE 5.20 – Erreurs d'estimation des variables d'état en mode de fonctionnement générateur dans la configuration du paragraphe 5.3.

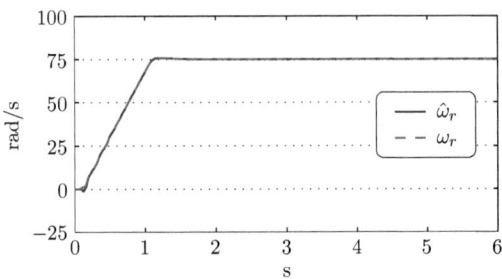

FIGURE 5.21 – Estimation sur des données réelles – Vitesse réelle et vitesse estimée.

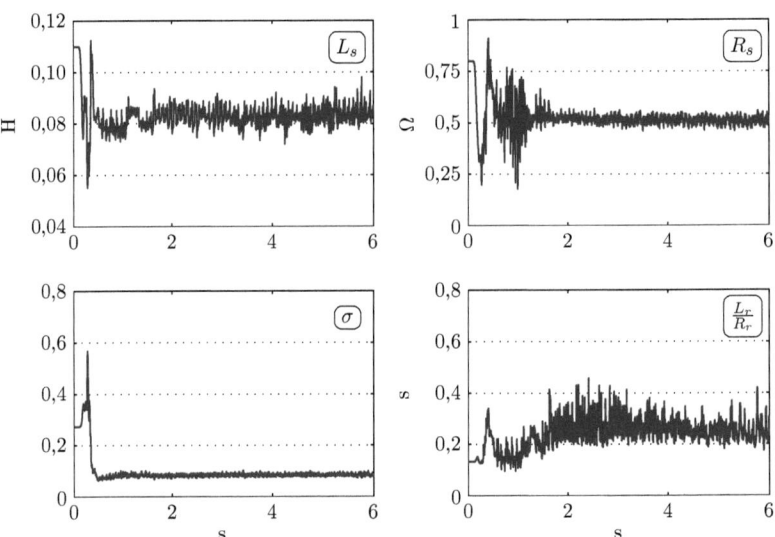

FIGURE 5.22 – Estimation sur des données réelles – Valeurs estimées des paramètres électriques.

Il convient de mentionner à la fin de ce paragraphe que le correspondant en temps discret de l'observateur adaptatif de Besançon et al. (2006) a été présenté dans [Țiclea et Besançon 2012] avec un exemple d'application à l'estimation des paramètres de la machine asynchrone à partir de données réelles.

5.6 Conclusions

Dans ce chapitre, nous avons étudié la possibilité d'utiliser la technique d'immersion décrite au chapitre 4 en vue de l'observation de la machine asynchrone. La conclusion est que le modèle non linéaire de la machine asynchrone jouit de la propriété remarquable de pouvoir s'immerger, pour toute combinaison de variables d'état et de paramètres électriques, dans une forme affine par rapport aux variables considérées, pourvu que l'on en appelle à l'injection de sortie. De plus, on peut qualifier la procédure d'immersion comme systématique, vu que l'injection de sortie est utilisée au cours de la construction à chaque fois qu'il existe la possibilité.

Par rapport à d'autres solutions au problème d'observation de la machine asynchrone, l'avantage de cette approche réside dans l'utilisation d'un filtre du type Kalman qui garantit la convergence globale exponentielle des estimations sous réserve de persistance régulière des signaux d'entrée. Nous avons vérifié cet aspect dans des conditions de simulation que nous jugeons réalistes (présence d'onduleur de tension et de bruit de mesure), sous lesquelles l'observateur a fourni des estimations assez précises pour une plage très large de fonctionnement du système et jusqu'à très près de la zone d'inobservabilité. En outre, dans la perspective d'une implantation sur un système réel, une méthodologie pour l'utilisation de la formulation en temps discret de l'observateur a été appliquée en simulation, puis sur des données réelles, les premiers résultats obtenus pouvant être considérés prometteurs.

Il convient de mentionner aussi le désavantage de notre méthode, à savoir l'obtention d'estimées redondantes, ce qui peut se traduire par une demande importante en termes de ressources de calcul. Par exemple, dans la configuration du paragraphe 5.3 nous sommes amenés à estimer de manière effective trente variables, alors que le nombre d'inconnues est en réalité dix. À ce point de vue, on considère que l'implantation en temps réel de l'observateur nécessite une étude approfondie en vue de l'optimisation des algorithmes de calcul vis-à-vis des particularités du modèle obtenu après immersion.

6 Immersion et observation des systèmes observables au sens du rang

6.1 Préliminaires sur les observateurs à grand gain

Ce paragraphe fait quelques rappels sur la synthèse d'observateurs à grand gain, qui établiront le cadre dans lequel se place l'observateur présenté au paragraphe suivant. Les idées de base autour de la synthèse d'observateurs à grand gain sont

(i) la décomposition du système en une partie affine en l'état et une partie non linéaire, cette dernière possédant une structure appropriée pour

(ii) la synthèse, en s'appuyant exclusivement sur la partie linéaire, d'un observateur qui permette de dominer les effets de la non linéarité.

La synthèse d'observateur à grand gain pour les systèmes uniformément observables s'appuie sur le fait que ces systèmes peuvent se mettre sous une forme « canonique » dont la construction ne pose pas de problème dans le cas mono-sortie.

L'exposition est structurée autour de trois sections : d'abord, le cas des systèmes affines en l'entrée, puis l'approche dans le cas général et enfin quelques extensions qui ont un certain rapport avec les résultats qui seront présentés au paragraphe 6.2.

Le cas des systèmes affines en l'entrée

En ce qui concerne la synthèse d'observateur à grand gain, les systèmes affines en l'entrée considérés sont habituellement supposés analytiques, de la forme

$$\dot{x} = f_0(x) + \sum_{i=1}^{m} f_i(x) u_i$$
$$y = h(x).$$
(6.1)

Pour cette classe, si $y \in \mathbb{R}$, le changement de coordonnées

$$z(x) = \begin{bmatrix} h(x) \\ L_f h(x) \\ \vdots \\ L_f^{n-1} h(x) \end{bmatrix}$$

effectué autour d'un point régulier de la codistribution

$$\text{span}\{dh, dL_f h, \ldots, dL_f^{n-1} h\},$$

conduit à une représentation de la forme

$$\dot{z} = Az + \varphi(z, u)$$
$$y = Cz$$
(6.2)

avec $\varphi(z, u)$ affine en u et la paire (A, C) sous la forme canonique d'observabilité

$$A = \begin{bmatrix} 0 & 1 & 0 & \cdots & 0 \\ & \ddots & \ddots & & \vdots \\ \vdots & & \ddots & \ddots & 0 \\ & & & & 1 \\ 0 & & \cdots & & 0 \end{bmatrix} \qquad C = \begin{bmatrix} 1 & 0 & \cdots & 0 \end{bmatrix}.$$
(6.3)

La transformation $z(x)$ n'est pas forcement injective, même pas localement (le rang de la transformation peut être inférieur à n en certains points). Donc, en général, $z(x)$ n'est pas un difféomorphisme global. Sur l'ensemble pour lequel la transformation est un difféomorphisme, nous avons le théorème suivant :

6.1 Théorème (cf. [Gauthier et Bornard 1981, Gauthier et al. 1992]). *Un système mono-sortie du type* (6.1) *qui peut être mis sous la forme* (6.2)-(6.3) *est*

6.1 Préliminaires sur les observateurs à grand gain

uniformément localement observable si et seulement si :

$$\varphi_1(z,u) = \varphi_1(z_1,u)$$
$$\varphi_2(z,u) = \varphi_2(z_1,z_2,u)$$
$$\ldots$$
$$\varphi_{n-1}(z,u) = \varphi_{n-1}(z_1,\ldots,z_{n-1},u).$$
(6.4) ◇

L'observabilité locale uniforme d'un système mono-sortie (6.1) nous permet d'espérer à un observateur à gain constant dont la stabilité ne dépend pas de u, la forme canonique (6.2)–(6.3) servant de base à la synthèse d'un tel observateur.

Puisque l'observateur fournit une estimation de z, reprécisons que l'existence d'une transformation inverse qui donne une estimation de x de manière unique n'est pas garantie globalement. La supposition employée habituellement dans cette situation utilise le fait que la trajectoire d'état d'un système décrit dans la plupart des cas l'évolution de certaines grandeurs physiques, donc elle est généralement restreinte à un sous-ensemble de l'espace d'état, appelé *le domaine d'intérêt* du système. Ainsi, on peut supposer que la restriction du changement de coordonnées au domaine d'intérêt est un difféomorphisme.

Cependant, même si la trajectoire du système ne sort pas du domaine d'intérêt, la trajectoire de l'observateur peut le faire, par exemple, pendant les transitoires. La solution retenue pour la transformation inverse dans une telle situation, quelle qu'elle soit, n'intervient pas dans la convergence de l'observateur. Pourtant, on doit pouvoir étendre les composantes du vecteur φ à tout $\mathbb{R}^n$ (par rapport à z) par des fonctions C^∞. En fait, on souhaite disposer d'un système (6.2)–(6.3) complet, défini globalement, qui soit difféomorphe au système (6.1) sur le domaine d'intérêt de ce-dernier.

6.2 Théorème (cf. [Gauthier et al. 1992]). *Si le système* (6.2)–(6.3) *satisfait les conditions*

(i) l'application φ est Lipschitzienne—globalement par rapport à z, uniformément par rapport à u,

(ii) $\frac{\partial \varphi_i}{\partial x_j} = 0$ pour $j > i$, $i = 1,\ldots,n-1$,

alors il existe $\lambda_0 > 0$ tel que pour tout $\lambda > \lambda_0$, le système

$$\dot{\hat{z}} = A\hat{z} + \varphi(\hat{z}, u) - S_\lambda^{-1} C^T (C\hat{z} - y) \tag{6.5}$$

où S_λ représente la solution de l'équation

$$0 = -\lambda S - A^T S - SA + C^T C, \tag{6.6}$$

soit un observateur de (6.2)–(6.3) à convergence exponentielle dont la vitesse puisse être choisie arbitrairement rapide par l'intermédiaire du paramètre de réglage λ. ◊

On vérifie facilement que le gain $S_\lambda^{-1} C^T$ peut se mettre sous la forme $\Lambda_\lambda K$ avec

$$\Lambda_\lambda = \begin{bmatrix} \lambda & & & \\ & \lambda^2 & & \\ & & \ddots & \\ & & & \lambda^n \end{bmatrix} \qquad K = \begin{bmatrix} C_n^1 \\ C_n^2 \\ \vdots \\ C_n^n \end{bmatrix}$$

où $C_n^k = \frac{n!}{(n-k)!k!}$. D'ailleurs, il n'est pas nécessaire que le vecteur K soit exclusivement sous cette forme ; il suffit qu'il soit tel que la matrice $(A - KC)$ ait toutes ses valeurs propres à partie réelle négative [Bornard et al. 1993]. C'est cette dernière formulation qui a été étendue au cas des systèmes multi-sorties où les matrices A et C correspondantes sont bloc-diagonales, les blocs étant de taille variable, de la forme (6.3) [Bornard et Hammouri 1991, Bornard et al. 1993].

Sans trop entrer dans les détails, mentionnons que la synthèse de l'observateur à grand gain est légèrement plus compliquée dans le cas des systèmes non autonomes multi-sorties à cause de l'absence d'une procédure pour la construction, par rapport à φ, d'une forme canonique convenable. En réalité, les conditions de structure employées dans le cas multi-sorties sont seulement *suffisantes* en ce qui concerne l'observabilité uniforme locale, alors que dans le cas mono-sortie la condition de structure est aussi *nécessaire*. De plus, la satisfaction des

6.1 Préliminaires sur les observateurs à grand gain

conditions de structure dépend du choix, parmi les éléments de l'espace d'observation du système, des coordonnées dans lesquelles le système est écrit. Dans un travail plus récent, Bornard et Hammouri (2002) ont relâché les conditions de structure par l'intermédiaire d'une nouvelle approche pour la caractérisation de l'observabilité locale uniforme pour les systèmes multi-sorties. Le problème lié au choix des coordonnées reste néanmoins ouvert.

Formulation dans le cas général

En ce qui concerne les systèmes mono-sortie de la forme générale

$$\dot{x} = f(x, u)$$
$$y = h(x, u) \quad (6.7)$$

qui sont observables indépendamment de l'entrée, Gauthier et Kupka (1994) ont introduit la notion d'*observabilité infinitésimale* qui diffère de la notion d'observabilité—telle qu'elle a été rappelée au paragraphe 2.3—comme suit : si dans la définition « classique » nous sommes amenés à distinguer tout couple distinct dans l'espace d'état, dans le cas de l'observabilité infinitésimale nous sommes amenés à distinguer des éléments de l'espace tangent à l'espace d'état. Les éléments en question sont les vecteurs tangents, d'où la terminologie « infinitésimale ».

Nous avons défini au paragraphe 2.1 (dans la discussion autour de la définition 2.5) pour une entrée $u \in \mathcal{L}_{\mathcal{E}}^{\infty}(\mathbb{R}^+)$ donnée, l'application $\bar{h}_u \colon \mathcal{M} \to \mathcal{L}_{\mathcal{S}}(\mathbb{R}^+)$ de sorte que l'application $\bar{h}_u(x) \colon [0, t_{x,u}) \to \mathcal{S}$, notée aussi $y_{x,u}$, donne la trajectoire de sortie du système sous l'action de u après initialisation en x.

Si $V_{t,u}$ désigne l'ensemble ouvert $\{x \in \mathcal{M} : t_{x,u} \geq t\}$, nous pouvons également définir une application

$$\bar{h}_u^t \colon V_{t,u} \to \mathcal{S} \qquad x \mapsto y_{x,u}(t).$$

Quand $\mathcal{S} \equiv \mathbb{R}$, la fonction (supposée de classe C^∞) $\bar{h}_u^t$ détermine sur $V_{t,u}$ un champ de covecteurs, noté $\mathrm{d}\bar{h}_u^t$, qui associe à tout point $x \in V_{t,u}$ une application linéaire

$$(d\bar{h}_u^t)_x : T_x\mathcal{M} \to \mathbb{R} \qquad X_x \mapsto X_x \bar{h}_u^t.$$

Note. Le champ de covecteurs $d\bar{h}_u^t$ est appelé *la différentielle de* $\bar{h}_u^t$ tandis que sa valeur en x est appelée *la différentielle de* $\bar{h}_u^t$ *en* x.

Cependant, il existe une application linéaire

$$(d\bar{h}_u)_x : T_x\mathcal{M} \to \mathcal{L}_\mathbb{R}^\infty([0, t_{x,u}))$$

telle que nous ayons $(d\bar{h}_u)_x(X_x)[t] = (d\bar{h}_u^t)_x(X_x)$ pour tout $X_x \in T_x\mathcal{M}$ et *presque* tout [1] $t \in [0, t_{x,u})$. L'application $(d\bar{h}_u)_x$ est, en un certain sens, la différentielle de $\bar{h}_u(x)$.

Les définitions suivantes ainsi que la remarque qui leur succède sont issues de [Gauthier et Kupka 1994].

6.3 Définition. Un système $(\mathcal{M}, \mathcal{X}, h)$ est *infinitésimalement observable en* $(u, x) \in \mathcal{L}_\mathcal{E}^\infty(\mathbb{R}^+) \times \mathcal{M}$ si l'application $(d\bar{h}_u)_x$ est injective. △

6.4 Définition. Un système $(\mathcal{M}, \mathcal{X}, h)$ est *infinitésimalement observable pour une fonction d'entrée* $u \in \mathcal{L}_\mathcal{E}^\infty(\mathbb{R}^+)$ s'il est infinitésimalement observable en tous les points $\{(u, x) : x \in \mathcal{M}\}$. Il est *infinitésimalement uniformément observable* s'il est infinitésimalement observable pour toute entrée $u \in \mathcal{L}_\mathcal{E}^\infty(\mathbb{R}^+)$. △

6.5 Remarque. L'observabilité infinitésimale pour une fonction d'entrée u signifie que l'application $\bar{h}_u$ est une *immersion* de $\mathcal{M}$ dans $\mathcal{L}_\mathcal{S}(\mathbb{R}^+)$. En particulier, sa différentielle $(d\bar{h}_u)_x$ est une application injective pour tout $x \in \mathcal{M}$. △

Pour un système $(\mathcal{M}, \mathcal{X}, h)$ il existe les connexions suivantes entre l'observabilité et l'observabilité infinitésimale :
- Pour toute entrée admissible u, l'ensemble des points $x \in \mathcal{M}$ tels que le système soit infinitésimalement observable en (u, x) est ouvert dans $\mathcal{M}$;
- Pour une entrée u universelle, l'ensemble de points défini au point précédent est dense partout dans $\mathcal{M}$;

---

[1]. Tous les points, sauf (au plus) un nombre fini d'entre eux.

6.1 Préliminaires sur les observateurs à grand gain

- Inversement, l'observabilité infinitésimale en (u,x) implique l'observabilité faible en x vis-à-vis de la fonction d'entrée u. Effectivement, en vue de la remarque 6.5, si le système est infinitésimalement observable en (u,x), l'application $\bar{h}_u$ est localement injective.

La notion d'observabilité infinitésimale uniforme est accompagnée dans [Gauthier et Kupka 1994] d'une forme canonique, à savoir

$$\dot{z}_1 = a_1(u, z_1, z_2)$$
$$\ldots$$
$$\dot{z}_i = a_i(u, z_1, \ldots, z_{i+1}) \quad (6.8)$$
$$\ldots$$
$$\dot{z}_n = a_n(u, z_1, \ldots, z_n)$$
$$y = c(u, z_1)$$

où

$$\frac{\partial c}{\partial z_1}, \frac{\partial a_i}{\partial z_{i+1}} \neq 0 \qquad i = 1, \ldots, n-1 \quad (6.9)$$

qui peut s'obtenir, dans le cas des systèmes *analytiques*, par l'intermédiaire d'un changement de coordonnées. Enfin, toujours dans [Gauthier et Kupka 1994] cette forme canonique est utilisée pour la synthèse d'un observateur à grand gain.

On s'intéresse ici à la structure particulière, obtenue éventuellement suite à un changement de coordonnées, de système non affine en l'entrée :

$$\dot{z} = A(u)z + \varphi(z, u)$$
$$y = C(u)z \quad (6.10)$$

avec

$$A(u) = \begin{bmatrix} 0 & a_1(u) & 0 & \cdots & 0 \\ & \ddots & \ddots & & \vdots \\ \vdots & & \ddots & \ddots & 0 \\ & & & & a_{n-1}(u) \\ 0 & & \cdots & & 0 \end{bmatrix} \qquad C(u) = \begin{bmatrix} c_1(u) & 0 & \cdots & 0 \end{bmatrix}. \quad (6.11)$$

Quand le vecteur φ est sous la forme (6.4), le système (6.10)–(6.11) est uniformément infinitésimalement observable si et seulement si $c_1(u)$ et $a_i(u)$, $i = 1, \ldots, n-1$, ne s'annulent jamais. Pour la synthèse de l'observateur, une certaine condition de régularité est nécessaire, au sens où aucun de ces scalaires ne tend pas vers zéro quand le temps tend vers infini. De plus, les matrices A et C doivent admettre des bornes supérieures. Ainsi, on suppose

$$0 < \alpha \leq |c_1(u)|, |a_i(u)| \leq \beta \qquad i = 1, \ldots, n-1,$$

ou bien, après un changement de coordonnées convenable,

$$0 < \alpha \leq c_1(u), a_i(u) \leq \beta \qquad i = 1, \ldots, n-1.$$

Sous l'hypothèse spécifique aux techniques « grand gain »—φ Lipschitzienne globalement par rapport à z, uniformément par rapport à u—la particularisation au système (6.10)–(6.11) de l'observateur proposée par Gauthier et Kupka (1994) est la suivante :

$$\dot{\hat{z}} = A(u)\hat{z} + \varphi(\hat{z}, u) - \Lambda_\lambda K(C(u)\hat{z} - y), \qquad (6.12)$$

où Λ_λ est la matrice diagonale $\mathrm{diag}(\lambda, \lambda^2, \ldots, \lambda^n)$ avec $\lambda > 0$ suffisamment grand et K est un vecteur colonne qui peut être toujours trouvé sous la condition de régularité ci-dessus tel qu'il existe une matrice symétrique, définie positive S qui satisfasse

$$[A(u(t)) - KC(u(t))]^T S + S[A(u(t)) - KC(u(t))] \leq -\gamma I_n$$

avec $\gamma > 0$.

6.6 Remarque. L'observateur (6.12) peut s'utiliser sans problème dans le cadre de la dépendance $a_i(u, y)$ sous la condition $0 < \alpha \leq a_i(u, y) \leq \beta$, $i = 1, \ldots, n-1$. $\triangle$

Extensions et améliorations

Les références [Gauthier et al. 1992, Gauthier et Kupka 1994] constituent un repère important, de sorte que les résultats qui y sont présentées ont donné lieu à

6.1 Préliminaires sur les observateurs à grand gain

bon nombre d'applications mais aussi d'extensions et d'améliorations, à l'heure actuelle la littérature au sujet de méthodes typiques « grand gain » étant assez riche. Une sélection parmi les résultats disponibles sera passée en revue dans ce qui suit, en privilégiant les résultats concernant la synthèse d'observateurs à grand gain pour des structures semblables à (6.10)–(6.11), notamment dans le cas mono-sortie. L'existence des extensions au cas multi-sorties ne sera pas totalement ignorée, mais une grande partie des détails sera omise.

En appréciant que l'implantation de l'observateur (6.12) est difficile pour des raisons qui tiennent au calcul du gain, jugé ne pas être direct, Busawon et al. (1998a) proposent un observateur à grand gain pour les systèmes mono-sortie de la forme

$$\begin{aligned} \dot{z} &= F(s,y)z + \varphi(u,s,z) \\ y &= Hz \end{aligned} \tag{6.13}$$

où $s(t)$ est un signal connu et *différentiable*, la non linéarité φ possède une structure triangulaire par rapport aux composantes de z (comme dans (6.4)) et

$$F(s,u) = \begin{bmatrix} 0 & f_1(s,y) & 0 & \cdots & 0 \\ & \ddots & \ddots & & \vdots \\ \vdots & & \ddots & \ddots & 0 \\ & & & & f_{n-1}(s,y) \\ 0 & & \cdots & & 0 \end{bmatrix} \quad H = \begin{bmatrix} 1 & 0 & \cdots & 0 \end{bmatrix}. \tag{6.14}$$

Sous les hypothèse additionnelles : le signal $s(t)$ et sa dérivée temporelle sont bornés et les fonctions f_i sont différentiables par rapport à leurs arguments, l'observateur proposé s'écrit

$$\dot{\hat{z}} = F(s,y)\hat{z} + \varphi(u,s,\hat{z}) - M(s,y)^{-1} S_\lambda^{-1} C^T (C\hat{z} - y) \tag{6.15}$$

où S_λ est la solution de (6.6) pour $\lambda > 0$ suffisamment grand et $M(s,y)$ est une matrice diagonale définie comme suit :

$$M(s,y) = \begin{bmatrix} H \\ HF(s,y) \\ \vdots \\ HF^{n-1}(s,y) \end{bmatrix}. \tag{6.16}$$

6.7 Remarque. À la différence de l'observateur (6.12), la dépendance $f_i(u, y)$ ne peut être considérée que si les composantes de $u(t)$ sont dérivables est les dérivées respectives sont bornées. △

L'observateur (6.15) admet une généralisation au cas des systèmes multi-sorties de la forme (6.13) pour lesquelles les matrices F et H sont diagonales par blocs de taille variable de la forme (6.14) et la non linéarité φ possède une structure particulière par rapport aux composantes de z (la non linéarité correspondante à chaque « sous-système » est couplée de manière triangulaire avec les variables d'état des autres « sous-systèmes »).

À partir de cette extension il est possible de construire, par analogie, un observateur utilisable dans le cadre d'une dépendance $F(s, z)$, sous l'hypothèse que l'état est borné et les fonctions $f_i(s, z)$ sont globalement Lipschtziennes par rapport à z [Busawon et al. 1998b]. Quant à la structure de $F(s, z)$ par rapport aux composantes de z, chaque scalaire $f_i(s, z)$ dépend des mêmes composantes de z que la composante de φ qui se trouve au même « niveau », sachant que la non linéarité φ garde la même structure qu'auparavant. Plus précisément, quand $y \in \mathbb{R}$ le système s'écrit :

$$\dot{z}_1 = f_1(s, z_1)z_2 + \varphi(u, s, z_1)$$
$$\ldots$$
$$\dot{z}_i = f_i(s, z_1, \ldots, z_i)z_{i+1} + \varphi(u, s, z_1, \ldots, z_i) \qquad (6.17)$$
$$\ldots$$
$$\dot{z}_n = \varphi(s, u, z)$$
$$y = z_1.$$

Une classe de système multi-sorties dont la particularisation au cas mono-sortie donne un système (6.17) avec $s \equiv u$, avait déjà été considérée dans [Deza et al. 1993] en tant qu'extension du résultat dans [Gauthier et al. 1992]. L'observateur proposé est un observateur à grand gain de type Kalman étendu sous les mêmes hypothèses que dans [Busawon et al. 1998b], sauf la dérivabilité de $u(t)$, qui n'est pas exigée.

6.1 Préliminaires sur les observateurs à grand gain

En revenant au papier [Busawon et al. 1998a], une deuxième extension de l'observateur (6.15) qui y est présentée concerne les systèmes multi-sorties dont la structure de la matrice F est comme dans (6.14) avec des blocs $q \times q$ à structure arbitraire à la place des scalaires f_i, les sorties étant les premières q variables d'état. La condition de régularité utilisée dans ce cas est $0 < \alpha I_q \leq F_i(s,y)^T F_i(s,y) \leq \beta I_q$, $i = 1, \ldots, n-1$, pendant que la non linéarité φ possède une structure triangulaire par rapport à la partition du vecteur d'état déterminée par les blocs F_i.

Enfin, une dernière extension de l'observateur (6.15) concerne la classe de systèmes mono-sortie de la forme

$$\dot{x} = f(x,t)$$
$$y = h(x,t),$$

avec f et h continuement différentiables sur le domaine de définition considéré [Busawon et Saif 1999]. Évidemment, cette forme peut correspondre à un système de la forme générale (6.7) pour une entrée u fixée. Si $M(x,t)$ est calculé de manière similaire à (6.16) en utilisant les Jacobiens de f et h, notés $F(x,t)$ et $H(x,t)$ respectivement, l'observateur s'écrit

$$\dot{\hat{x}} = f(\hat{x},t) - M^{-1}(\hat{x},t)\Lambda_\lambda K(h(\hat{x},t) - y)$$

où Λ_λ est la matrice diag$(\lambda, \lambda^2, \ldots, \lambda^n)$ avec $\lambda \geq \lambda_0 > 0$ suffisamment grand et K est un vecteur colonne tel que, avec les définitions de A et C données par (6.3), $A - KC$ soit stable. L'applicabilité de l'observateur dépend de l'inversibilité de la matrice $M(x,t)$, la bornitude des éléments de F et H et de leurs dérivées temporelles et l'existence d'une constante $k > 0$ telle que $\sup_{\lambda \geq 1}\|\Lambda_\lambda^{-1}\dot{M}(x,t)M^{-1}(x,t)\Lambda_\lambda\| \leq k$. Notons que la première et la troisième condition sont automatiquement satisfaites par les systèmes uniformément observables mis sous la forme canonique (6.8)–(6.9). Un point faible de cet observateur réside dans le fait qu'il est un observateur *initialisé* au sens où son initialisation doit se faire dans une boule de rayon suffisamment petit qui contienne la condition initiale du système.

Toujours dans le but de simplifier le calcul du gain de l'observateur proposé dans [Gauthier et Kupka 1994] pour la forme canonique (6.8)–(6.9), une procédure constructive est donnée dans [Targui et al. 2002] pour le calcul d'une matrice S qui satisfasse, pour tout $t \geq 0$,

$$A(t)^T S + SA(t) - C^T C \leq -\gamma I_n \qquad \gamma > 0$$

où la structure de $A(t)$ est comme dans (6.11), avec $0 < \alpha \leq a_i(t) \leq \beta$. Le gain de l'observateur proposé dans [Gauthier et Kupka 1994] et en particulier celui de l'observateur (6.12), est remplacé alors par le terme $\Lambda_\lambda S^{-1} C^T$.

L'observateur proposé peut s'étendre aux systèmes multi-sorties composés de plusieurs sous-systèmes du même ordre couplés, chacun de manière triangulaire avec le sous-système suivant, le vecteur des sorties étant constitué des états du premier sous-système. Une solution similaire pour le calcul du gain est employée dans [Hammouri et al. 2002] en vue de l'extension à une classe spéciale de systèmes multi-sorties qui contient le modèle des colonnes de distillation binaires.

Autres améliorations

Il est reconnu que le désavantage le plus important des observateurs à grand gain réside dans un comportement peu convenable pendant les transitoires et vis-à-vis du bruit de mesure quand le gain est trop élevé, ce qui peut arriver quand les non linéarités jouent un rôle important dans le système. Une amélioration du comportement peut s'obtenir en tenant compte de la non linéarité, comme dans [Busawon et de Leon Morales 2000], ou celle-ci intervient dans la synthèse de l'observateur en termes de son Jacobien. Les auteurs proposent une solution alternative à l'observateur (6.5)–(6.6) ainsi qu'à l'observateur proposé dans [Gauthier et Kupka 1994] pour la forme canonique (6.8)–(6.9). Le calcul des gains correspondants étant assez élaboré, ne sera pas rappelé ici. Par contre, il convient de mentionner que l'une des hypothèses employées affirme que les non linéarités (φ dans (6.2), respectivement $a(u, z)$ et $c(u, z)$ dans (6.8)) sont dérivables par rapport au temps et les dérivées correspondantes sont bornées.

6.1 Préliminaires sur les observateurs à grand gain

Une autre solution pour limiter les transitoires, mais seulement au démarrage de l'observateur, est proposé dans [El Yaagoubi et al. 2004]. La classe de systèmes considérée est semblable à celle dans [Busawon et al. 1998a], la différence résidant dans la structure de la non linéarité. Pour obtenir l'effet désiré, le paramètre λ qui intervient dans le gain de l'observateur est obtenu au démarrage à partir d'une équation différentielle linéaire du premier ordre.

On conclut cette synthèse bibliographique en revenant sur les problèmes liés à la transformation qui met sous forme canonique un système uniformément observable. Comme nous l'avons déjà souligné, cette transformation n'est pas nécessairement un difféomorphisme global et en ce qui concerne les systèmes multi-sorties l'observabilité uniforme est une condition nécessaire, mais pas suffisante pour l'existence d'une forme canonique. Ces deux problèmes sont abordés dans [Hou et al. 2000] pour les systèmes uniformément observables de la forme

$$\dot{x} = f(x) + g(x, u)$$
$$y = h(x) + r(x, u),$$

pour lesquelles une *procédure d'immersion* est donnée, telle que, dans les nouvelles coordonnées le système soit sous une forme canonique et la transformation garantisse l'existence d'un difféomorphisme global entre les trajectoires d'état dans les deux représentations. Les composantes de l'application d'immersion sont les composantes de h et leurs dérivés itérées de Lie le long de f, ces-dernières choisies de manière convenable afin d'obtenir une immersion injective.

La construction de l'immersion aboutit toujours pour les systèmes uniformément observables mono-sortie, donnant la forme canonique connue (6.8)–(6.9). Dans le cas des systèmes uniformément observables multi-sorties, si la construction aboutit, le système obtenu est sous une forme triangulaire par blocs dont seul le premier bloc intervient dans l'expression du vecteur des sorties. Cette forme canonique est ensuite utilisée pour la synthèse d'un observateur à grand gain qui tient compte de la non linéarité (en un certain sens, comme dans [Busawon et de Leon Morales 2000]).

Remarques finales

À part le cas de l'observateur dans [Deza et al. 1993], les gains des observateurs cités au cours de ce paragraphe ne possèdent pas leurs propres dynamiques. Ainsi, on parle *d'observation uniforme de systèmes uniformément observables*[2] puisque ces systèmes admettent sous certaines conditions des observateurs à gain uniforme par rapport aux entrées. Il existe néanmoins des classes de systèmes non uniformément observables qui jouissent d'une propriété de détectabilité et qui admettent, sous certaines hypothèses, des observateurs à gain uniforme [Besançon et Hammouri 1996].

En ce qui concerne *l'observation non uniforme des systèmes non uniformément observables*[3], on a déjà vu au chapitre 3 un observateur non uniforme pour des systèmes affines en l'état, utilisable sous réserve de persistance régulière de l'entrée. Au paragraphe suivant on verra comment une condition de ce type peut s'utiliser en combinaison avec des techniques du type « grand gain » pour la synthèse d'observateurs pour une classe plus large de systèmes non uniformément observables.

6.2 Grand gain et systèmes non uniformément observables

Au cours de ce paragraphe on s'intéresse à l'observation de certains systèmes affines en l'état perturbés par une non linéarité structurée, qui ne sont pas forcement uniformément observables. Une approche différente pour l'observation des systèmes de la forme (6.10)–(6.11) sera présentée dans un premier temps, suivie par une reformulation dont l'applicabilité s'étend à une classe plus large de systèmes, y compris une forme particulière qui, comme il sera montré au paragraphe suivant, est spécifique aux systèmes non linéaires qui satisfont la condition de rang pour l'observabilité.

---

2. Cette terminologie a été empruntée de [Besançon 1999b].
3. *Idem.*

Préliminaires

Le problème d'observation des systèmes multi-sorties de la forme (6.10) dont les matrices $A(u)$ et $C(u)$ sont diagonales par blocs de la forme (6.11) et la non linéarité φ possède une structure particulière qui se réduit dans le cas mono-sortie à (6.4) est considérée dans [Bornard et al. 1993], sans restriction en ce qui concerne les éléments de $A(u)$ et $C(u)$, à part leur bornitude.

Du fait de la structure de la non linéarité, la solution employée utilise une technique « grand gain » mais vu que le système n'est pas forcement uniformément observable, l'approche nécessite une excitation spécifique afin de garantir que le système est, vis-à-vis de cette technique, suffisamment observable. Cette excitation correspond à la notion de *régularité locale*, qui traduit une certaine qualité de l'entrée sur des intervalles de temps arbitrairement petits (à la différence de la notion de *persistance régulière* qui traduit la qualité de l'entrée quand le temps tend vers infini).

Considérons la dynamique de la partie linéaire du système (6.10) :

$$\dot{\tilde{z}} = A(u)\tilde{z} \qquad \tilde{z}(t_0) = \tilde{z}_0$$

et notons $\Phi_u(t,t_0)$ la matrice de transfert du système linéaire variable dans le temps engendré par une entrée u donnée.

6.8 Définition (Entrées localement régulières [Bornard et al. 1993, Besançon 1999a]). Une fonction d'entrée u est dite *localement régulière* pour un système (6.10) s'il existe $\alpha > 0$ et $\lambda_0 > 0$ tels que

$$\int_{t-\frac{1}{\lambda}}^{t} \Phi_u(\tau,t)^T C(u(\tau))^T C(u(\tau)) \Phi_u(\tau,t) \mathrm{d}\tau \geq \alpha \lambda \Lambda_\lambda^{-2} \tag{6.18}$$

pour tout $\lambda \geq \lambda_0$ et tout $t \geq \frac{1}{\lambda}$, où Λ_λ est la matrice diagonale

$$\Lambda_\lambda = \begin{bmatrix} \lambda & & & \\ & \lambda^2 & & \\ & & \ddots & \\ & & & \lambda^n \end{bmatrix}. \tag{6.19} \quad \triangle$$

6.9 Remarque. La notion d'entrée localement régulière se définit de manière similaire quand $A(u)$ est remplacé par $A(u,y)$ dans (6.10), en utilisant $\Phi_{u,y}(\tau,t)$ à la place de $\Phi_u(\tau,t)$ dans (6.18). Cependant, puisque pour la même fonction d'entrée u le système engendré $\dot{\tilde{z}} = A(t)\tilde{z}$ n'est pas toujours le même à cause de la trajectoire de y, qui dépend de la condition initiale du système (6.10), cette fois-ci l'entrée est localement régulière si (6.18) est satisfaite *pour toute initialisation du système*. △

6.10 Remarque. On reconnaît dans la partie à gauche de l'inégalité (6.18) l'expression du Grammien d'observabilité associé à un système affine en l'état. Comme souligné dans [Bornard et al. 1993], la minoration qui intervient dans (6.18) est justifiée par l'expression du Grammien d'observabilité $\Gamma(t,\frac{1}{\lambda})$ associé à la partie linéaire de la forme canonique (6.2)–(6.3) :

$$\Gamma(t,\tfrac{1}{\lambda}) = \frac{1}{\lambda}\begin{bmatrix} 1 & \frac{1}{2}\lambda^{-1} & \frac{1}{6}\lambda^{-2} & \cdots \\ \frac{1}{2}\lambda^{-1} & \frac{1}{6}\lambda^{-2} & \frac{1}{8}\lambda^{-3} & \\ \frac{1}{6}\lambda^{-2} & \frac{1}{8}\lambda^{-3} & \frac{1}{20}\lambda^{-4} & \\ \vdots & & & \ddots \end{bmatrix}.$$

En généralisant l'argument ci-dessus, supposons que suite à un changement convenable de coordonnées, nous avons pour un système du type (6.10)–(6.11), $c_1(u) \geq 1$ et $a_i(u) \geq \gamma > 0$, $i = 1,\ldots,n-1$. Puisque la matrice $A(u)$ est nilpotente d'indice n, on peut calculer explicitement $\Phi_u(t,\tau)$ en utilisant la formule Peano-Baker (donnée dans l'annexe B), qui comporte dans ce cas un nombre fini de termes. Ainsi, l'élément sur la ligne i, colonne j de la matrice $\Phi_u(\tau,t)$ a pour expression

$$\Phi_u(\tau,t)_{i,j} = \begin{cases} 0, & \text{si } j < i \\ 1, & \text{si } j = i \\ \int_t^\tau a_i(s)\mathrm{d}s, & \text{si } j = i+1 \\ \int_t^\tau \int_t^{s_i} \cdots \int_t^{s_{j-2}} a_i(s_i)\cdots a_{j-1}(s_{j-1})\mathrm{d}s_{j-1}\ldots \mathrm{d}s_i, & \text{si } j > i+1. \end{cases}$$

6.2 Grand gain et systèmes non uniformément observables

En outre, la minoration des $a_i(u)$ implique

$$\int_t^\tau \int_t^{s_1} \cdots \int_t^{s_{k-1}} a_1(s_1) \cdots a_k(s_k) \mathrm{d}s_k \ldots \mathrm{d}s_1 \geq \frac{(\tau - t)^k}{k!} \gamma^k$$

pour $k = 1, \ldots, n-1$, d'où, en combinaison avec l'expression de l'intégrande dans (6.18) et la minoration de $c_1(u)$, nous obtenons que toute fonction d'entrée d'un système uniformément infinitésimalement observable de la forme (6.10)–(6.11), dont φ possède une structure (6.4), satisfait la condition de régularité locale. △

La particularisation au cas des systèmes mono-sortie du résultat présenté dans [Bornard et al. 1993] pour une classe de systèmes multi-sorties (6.10) est comme suit.

6.11 Théorème. *Soit le système* (6.10)–(6.11), *dans lequel la non linéarité φ est Lipschitzienne globalement par rapport à z, uniformément par rapport à u, et possède une structure* (6.4). *Si l'entrée u est localement régulière pour ce système, il existe $\lambda > 0$, $\beta > 0$, $\gamma > 0$ tels que le système*

$$\begin{aligned}\dot{\hat{z}} &= A(u)\hat{z} + \varphi(\hat{z}, u) - S^{-1}C(u)^T(C(u)\hat{z} - y) \\ \dot{S} &= -\gamma S - A(u)^T S - SA(u) + C(u)^T C(u)\end{aligned} \qquad S(0) = \beta \lambda^2 \Lambda_\lambda^{-2} \qquad (6.20)$$

avec Λ_λ donné par (6.19) *soit un observateur exponentiel à vitesse de convergence arbitrairement grande.* ◇

Comme il est indiqué dans [Bornard et al. 1993], le choix particulier de la condition initiale $S(0)$ est fait dans le but de simplifier le développement, mais l'observateur devrait fonctionner pour toute condition initiale $S(0)$ définie positive.

On note que le résultat du théorème 6.11 peut s'utiliser sans problème dans le cadre d'une dépendance $A(u, y)$. C'est précisément dans ce contexte que la synthèse de l'observateur (6.20) a été réexaminée dans [Besançon 1999a] où, sous les mêmes hypothèses (non linéarité Lipschitzienne, entrée localement régulière) l'observateur suivant est proposé :

$$\begin{aligned}\dot{\hat{z}} &= A(u, y)\hat{z} + \varphi(\hat{z}, u) - \Lambda_\lambda S^{-1} C(u)^T (\hat{y} - y) & (6.21a) \\ \dot{S} &= \lambda \big[-\gamma S - A(u, y)^T S - S A(u, y) + C(u)^T C(u) \big] & S(0) > 0 & (6.21b)\end{aligned}$$

avec Λ_λ donné par (6.19), $\hat{y} = C(u)\hat{z}$ et $\lambda \geq \lambda_0 > 0$ et $\gamma > 0$ suffisamment grands.

Il est montré dans [Besançon 1999a] que le même type d'observateur peut s'utiliser pour les systèmes (6.17) avec $s \equiv u$, sans considérer la condition « forte » d'observabilité $f_i \geq \alpha > 0$, mais la condition de régularité locale (6.18). Il est également indiqué dans cette référence que la synthèse de l'observateur peut s'étendre aux systèmes de la forme (6.17) (toujours avec $s \equiv u$) où $z_i \in \mathbb{R}^{\nu_i}$, $\nu_1 = 1$ et chaque scalaire f_i est remplacé par une matrice $\nu_i \times \nu_{i+1}$.

Observation non uniforme d'une forme affine perturbée particulière

Dans ce qui suit, on exploite l'idée de Besançon (1999a) en vue de la synthétise d'observateur pour la classe suivante de systèmes mono-sortie :

$$\dot{z} = A(u,y)z + \varphi(u,z)$$
$$y = C(u)z + \eta(u) \quad (6.22)$$

où les matrices impliquées possèdent les structures particulières

$$A(u,y) = \begin{bmatrix} 0 & A_{1,2}(u,y) & 0 & \cdots & 0 \\ & & \ddots & \ddots & \vdots \\ \vdots & & & \ddots & 0 \\ & & & & A_{q-1,q}(u,y) \\ 0 & & \cdots & & 0 \end{bmatrix}$$

$$\varphi(u,z) = \begin{bmatrix} \varphi_1(u,z_1) \\ \varphi_2(u,z_1,z_2) \\ \cdots \\ \varphi_{q-1}(u,z_1,\ldots,z_{q-1}) \\ \varphi_q(u,z) \end{bmatrix} \quad (6.23)$$

$$C(u) = \begin{bmatrix} C_1(u) & 0 & \cdots & 0 \end{bmatrix},$$

avec $z = \mathrm{col}(z_1,\ldots,z_q) \in \mathbb{R}^N$, $z_i \in \mathbb{R}^{N_i}$ pour $i = 1,\ldots,q$, $A_{i-1,i} \in \mathbb{R}^{N_{i-1} \times N_i}$ pour $i = 2,\ldots,q$ et $C_1(u) \in \mathbb{R}^{1 \times N_1}$.

6.2 Grand gain et systèmes non uniformément observables

Cette classe de systèmes non linéaires est particulièrement intéressante pour la synthèse d'observateur étant donné que, comme on verra au paragraphe suivant, presque tout système affine en la commande possède la propriété d'être *sous-système*[4] d'un système sous la forme (6.22)–(6.23).

6.12 Remarque. Pour utiliser le concept d'entrée localement régulière relativement aux systèmes du type (6.22)–(6.23), on tient compte de la remarque 6.9 et on en appelle toujours à la définition 6.8, avec la matrice Λ_λ dans l'inégalité (6.18) donné cette fois-ci par

$$\Lambda_\lambda = \begin{bmatrix} \lambda I_{N_1} & & & \\ & \lambda^2 I_{N_2} & & \\ & & \ddots & \\ & & & \lambda^q I_{N_q} \end{bmatrix}. \qquad (6.24) \quad \triangle$$

Le résultat relatif à l'observation du système (6.22)–(6.23) peut alors s'énoncer comme suit :

6.13 Théorème. *Étant donnés un système (6.22)–(6.23) et les hypothèses :*

(i) l'entrée u est localement régulière, bornée et telle que $A(u,y)$ et $C(u)$ soient bornés ;

(ii) la non linéarité φ est Lipschitzienne—globalement par rapport à z, uniformément par rapport à u,

alors pour tout $\sigma > 0$ il existe $\lambda > 0$ et $\gamma > 0$ tels que le système (6.21) où $\hat{y} = C(u)\hat{x} + \eta(u)$ et Λ_λ est donné par (6.24), garantisse pour toute condition initiale $z(0) \in \mathbb{R}^N$,

$$\|z(t) - \hat{z}(t)\| \leq \mu e^{-\sigma t}$$

avec $\mu > 0$, pour tout $t \geq \frac{1}{\lambda}$. $\Diamond$

Démonstration. Comme il résulte de [Besançon 1999a], l'emploi de deux paramètres de réglage, λ et γ, suit deux objectifs, à savoir :

---
4. Conformément à la définition 2.29.

(i) nous pouvons montrer, indépendamment du choix de $\lambda \geq \lambda_0 > 0$, que si l'entrée est localement régulière, il existe $\gamma > 0$ et $\alpha_1, \alpha_2 > 0$ tels que pour tout $t \geq \frac{1}{\lambda}$, on ait $\alpha_1 I_N \leq S(t) \leq \alpha_2 I_N$;

(ii) nous pouvons vérifier en utilisant des éléments de démonstration typiques « grand gain » (comme, par exemple, dans [Gauthier et al. 1992]), que pour λ suffisamment grand, si $\varepsilon := \hat{z} - z$, la fonction candidate de Lyapunov

$$V(t) := \varepsilon(t)^T \Lambda_\lambda^{-1} S(t) \Lambda_\lambda^{-1} \varepsilon(t)$$

satisfait la propriété $\dot{V} \leq -\beta(\lambda)V \leq 0$ le long des trajectoires de $\varepsilon(t)$, où $\beta(\lambda)$ est une fonction croissante, strictement positive.

(i) La preuve de ce point s'appuie sur l'expression de $S(t)$. Notons d'abord que $\Lambda_\lambda^{-1} A(u,y) \Lambda_\lambda = \lambda A(u,y)$. Par conséquent, si $\Phi_{u,y}$ est la matrice de transfert associée au système $\dot{\tilde{z}} = A(u,y)\tilde{z}$, alors $\Lambda_\lambda^{-1} \Phi_{u,y} \Lambda_\lambda$ est la matrice de transfert associée au système $\dot{\tilde{z}} = \lambda A(u,y)\tilde{z}$. On vérifie alors aisément que

$$S(t) = e^{-\lambda \gamma t} \Lambda_\lambda \Phi_{u,y}(0,t)^T \Lambda_\lambda^{-1} S(0) \Lambda_\lambda^{-1} \Phi_{u,y}(0,t) \Lambda_\lambda + \\ \lambda \int_0^t e^{-\lambda \gamma (t-\tau)} \Lambda_\lambda \Phi_{u,y}(\tau,t)^T \Lambda_\lambda^{-1} C(u)^T C(u) \Lambda_\lambda^{-1} \Phi_{u,y}(\tau,t) \Lambda_\lambda d\tau$$

est solution de (6.21b).

Pour établir la borne inférieure de $S(t)$, on utilise le fait que $C(u)\Lambda_\lambda^{-1} = \frac{1}{\lambda} C(u)$ et nous avons, pour $t \geq \frac{1}{\lambda}$,

$$S(t) \geq e^{-\gamma} \frac{1}{\lambda} \Lambda_\lambda \left[\int_{t-\frac{1}{\lambda}}^{t} \Phi_{u,y}(\tau,t)^T C(u)^T C(u) \Phi_{u,y}(\tau,t) d\tau \right] \Lambda_\lambda$$

d'où, puisque l'entrée est localement régulière, $S(t) \geq e^{-\gamma} \alpha I_n$.

Pour la borne supérieure, sachant que

$$\Lambda_\lambda^{-1} \Phi_{u,y}(\tau,t) \Lambda_\lambda = I_N - \int_\tau^t \lambda A(u(s),y(s)) \Lambda_\lambda^{-1} \Phi_{u,y}(s,t) \Lambda_\lambda ds$$

nous avons dans un premier temps

$$\|\Lambda_\lambda^{-1} \Phi_{u,y}(\tau,t) \Lambda_\lambda\| \leq 1 + \int_\tau^t \lambda a \|\Lambda_\lambda^{-1} \Phi_{u,y}(s,t) \Lambda_\lambda\| ds$$

6.2 Grand gain et systèmes non uniformément observables

pour $\tau \leq t$, où $a = \sup_{t \geq 0} \|A(u(t), y(t))\| < \infty$ puisque $A(u,y)$ est borné. Puis, en utilisant l'inégalité Gronwall-Bellman,

$$\|\Lambda_\lambda^{-1} \Phi_{u,y}(\tau, t)\Lambda_\lambda\| \leq e^{a\lambda(t-\tau)}.$$

Finalement, à partir de l'expression de $S(t)$, on obtient

$$\|S(t)\| \leq e^{-\lambda(\gamma - 2a)t}\|S(0)\| + \lambda \int_0^t e^{-\lambda(\gamma - 2a)(t-\tau)} \|C(u)^T C(u)\| \mathrm{d}\tau$$

ce qui montre, combiné avec le fait que $C(u(t))$ reste borné, que $\|S(t)\|$ admet une borne supérieure pourvu que $\gamma > 2a$.

(ii) Le calcul de $\dot{V}$ donne, en utilisant les relations $\Lambda_\lambda^{-1} A(u,y)\Lambda_\lambda = \lambda A(u,y)$ et $C(u)\Lambda_\lambda^{-1} = \frac{1}{\lambda}C(u)$,

$$\dot{V} = -\lambda\gamma V - \lambda \varepsilon^T \Lambda_\lambda^{-1} C(u)^T C(u) \Lambda_\lambda^{-1} \varepsilon + 2\varepsilon^T \Lambda_\lambda^{-1} S \Lambda_\lambda^{-1} (\varphi(u, \hat{z}) - \varphi(u, z)),$$

d'où nous avons dans un premier temps

$$\dot{V} \leq -\lambda\gamma V + 2\varepsilon^T \Lambda_\lambda^{-1} S \Lambda_\lambda^{-1} (\varphi(u, \hat{z}) - \varphi(u, z)).$$

Soit $\xi = \Lambda_\lambda^{-1} \varepsilon$. En utilisant l'inégalité $x^T S y \leq \|x\|_S \|y\|_S$, on obtient

$$\dot{V} \leq -\lambda\gamma V + 2\|\xi\|_S \|\Lambda_\lambda^{-1}(\varphi(u, \hat{z}) - \varphi(u, z))\|_S.$$

En vue de la majoration du terme $\|\Lambda_\lambda^{-1}(\varphi(u, \hat{z}) - \varphi(u, z))\|_S$, on introduit les notations suivantes :

$$\bar{N}_0 = 0$$
$$\bar{N}_i = \sum_{j=1}^i N_i \qquad \bar{z}_i = \mathrm{col}(z_1, \ldots, z_i) \in \mathbb{R}^{\bar{N}_i} \qquad \bar{\varepsilon}_i = \hat{\bar{z}}_i - \bar{z}_i$$

et on désigne par $S_{i:j,k:l}$ la sous-matrice de S dont les lignes i et j et les colonnes k et l en constituent les extrémités. Nous avons alors

$$\|\Lambda_\lambda^{-1}(\varphi(u, \hat{z}) - \varphi(u, z))\|_S =$$
$$\left(\sum_{i,j=1}^q \frac{1}{\lambda^i} (\varphi_i(u, \hat{\bar{z}}_i) - \varphi_i(u, \bar{z}_i))^T S_{\bar{N}_{i-1}+1:\bar{N}_i, \bar{N}_{j-1}+1:\bar{N}_j} (\varphi_j(u, \hat{\bar{z}}_j) - \varphi_j(u, \bar{z}_j)) \frac{1}{\lambda^j} \right)^{\frac{1}{2}}.$$

En utilisant la borne supérieure de S et en prenant ρ pour la constante de Lipschitz de φ, il vient

$$\|\Lambda_\lambda^{-1}(\varphi(u,\hat{z}) - \varphi(u,z))\|_S \leq \left(\sum_{i,j=1}^{q} \rho^2 \alpha_2 \left\|\tfrac{1}{\lambda^i}\bar{\varepsilon}_i\right\| \left\|\tfrac{1}{\lambda^j}\bar{\varepsilon}_j\right\|\right)^{\frac{1}{2}}.$$

Soient, pour $i = 1, \ldots, q$,

$$\bar{\xi}_i = \mathrm{diag}(\lambda^{-1} I_{N_1}, \ldots, \lambda^{-i} I_{N_i}) \bar{\varepsilon}_i.$$

Avec $1 \leq i \leq q$ fixé, si $\lambda > 1$, nous avons $\left\|\tfrac{\varepsilon_k}{\lambda^i}\right\| \leq \left\|\tfrac{\varepsilon_k}{\lambda^k}\right\|$ pour tout $1 \leq k \leq i$, d'où on obtient

$$\left\|\tfrac{1}{\lambda^i}\bar{\varepsilon}_i\right\| \leq \|\bar{\xi}_i\| \leq \|\xi\|$$

et, par conséquent,

$$\|\Lambda_\lambda^{-1}(\varphi(u,\hat{z}) - \varphi(u,z))\|_S \leq q\rho\sqrt{\alpha_2}\|\xi\|.$$

Cependant, $\alpha_1 \|\xi\| \leq \|\xi\|_S$ et $\|\xi\|_S^2 = V$, donc on obtient finalement

$$\dot{V} \leq -\left(\lambda\gamma - \frac{2q\rho\sqrt{\alpha_2}}{\alpha_1}\right) V.$$

Étant donné que les bornes de $S(t)$ ne dépendent pas de λ, il existe $\lambda_0 > 0$ tel que pour tout $\lambda \geq \lambda_0$ nous ayons $\dot{V} \leq 0$. La conclusion s'ensuit à l'aide d'arguments de la théorie classique de stabilité de Lyapunov. $\square$

Ce théorème a été rendu désuet par le papier [Dufour et al. 2012] où il a été montré qu'une entrée ne peut être localement régulière par rapport au système (6.22)–(6.23) que si ce système satisfait la structure d'observabilité uniforme présentée dans [Hammouri et Farza 2003] et dans ce cas un observateur plus simple (à gain constant) peut être construit. Le papier introduit également la notion d'entrée régulière et montre que cette propriété suffit pour l'utilisation d'un observateur a facteur d'oubli exponentiel (3.1). La procédure d'immersion dans la forme (6.22)–(6.23) présenté ci-après reste alors valide et toujours utile.

6.3 Synthèse d'observateur à l'aide d'immersion

Une fois un observateur construit pour les systèmes sous la forme (6.22)–(6.23), on souhaite savoir dans quelles conditions un système quelconque peut se ramener à une telle forme. On montrera dans ce qui suit que tout système mono-sortie d'ordre n, affine en l'entrée, qui est observable au sens du rang en un point $x°$, peut s'immerger *localement* dans une forme (6.22)–(6.23) d'ordre N, avec $N \geq n$ et $A(u,y) = A(u)$. On verra aussi que ce résultat peut s'étendre facilement :
- pour inclure également la dépendance en y de la matrice A ;
- aux systèmes qui ne satisfont pas la condition d'observabilité au sens du rang ;
- à des systèmes non affines en l'entrée.

Les systèmes affines en l'entrée considérés sont sous la forme générale (2.4), rappelée ci-dessous :
$$\begin{aligned} \dot{x} &= f_0(x) + \sum_{i=1}^{m} f_i(x) u_i \\ y &= h_0(x) + \sum_{i=1}^{m} h_i(x) u_i. \end{aligned} \quad (6.25)$$

Une écriture mieux adaptée à nos besoins s'obtient en posant $u_0 := 1$, puis
$$\begin{aligned} F(x) &= \begin{pmatrix} f_0(x) & f_1(x) & \cdots & f_m(x) \end{pmatrix}, \\ H(x) &= \begin{pmatrix} h_0(x) & h_1(x) & \cdots & h_m(x) \end{pmatrix}, \\ u &= \begin{pmatrix} u_0 & u_1 & \cdots & u_m \end{pmatrix}^T, \end{aligned}$$

d'où
$$\begin{aligned} \dot{x} &= \sum_{i=0}^{m} f_i(x) u_i = F(x) u \\ y &= \sum_{i=0}^{m} h_i(x) u_i = H(x) u. \end{aligned} \quad (6.26)$$

On s'intéresse donc à l'immersion d'un système de la forme (6.26) dans un système de la forme (6.22)–(6.23) dont les matrices sont affines en u, sous la restriction temporaire $A(u,y) = A(u)$. Concrètement, la forme envisagée est

$$\begin{aligned} \dot{z} &= \sum_{i=0}^{m} u_i A_i z + \sum_{i=0}^{m} b_i(z) u_i = A(u)z + B(z)u \\ y &= \sum_{i=0}^{m} u_i C_i z + \sum_{i=1}^{m} d_i u_i = C(u)z + Du \end{aligned} \qquad (6.27)$$

où les structures de $A(u)$, $C(u)$ et des vecteurs colonne $b_i(z)$ sont comme dans (6.23) (la structure de chaque b_i est identique à la structure de φ par rapport à z).

On démontre d'abord un résultat intermédiaire.

6.14 Lemme. *Soient* $\mathrm{d}\phi_1, \ldots, \mathrm{d}\phi_k$ *des 1-formes exactes indépendantes, définies sur un ouvert* $U \subset \mathbb{R}^n$. *Si* $\mathrm{d}\psi$ *est une 1-forme exacte telle que*

$$\mathrm{d}\phi_1 \wedge \cdots \wedge \mathrm{d}\phi_k \wedge \mathrm{d}\psi = 0$$

sur U, *alors* $\psi = \psi(\phi_1, \ldots, \phi_k)$ *sur* U. $\diamond$

Démonstration. Si $k = n$, la démonstration est immédiate, car $\phi_1, \ldots, \phi_k$ définit un système de coordonnées sur U. Si $k < n$, on peut toujours définir les fonctions $\phi_{k+1}, \ldots, \phi_n$ telles que l'application $\phi = \mathrm{col}(\phi_1, \ldots, \phi_n)$ soit un difféomorphisme de U, ou, de façon équivalente, un changement de coordonnées sur U. On montre que l'application ψ exprimée dans ces coordonnées ne dépend que des premières k d'entre elles.

D'après les propriétés du produit extérieur, la $(k+1)$-forme $\mathrm{d}\phi_1 \wedge \cdots \wedge \mathrm{d}\phi_k \wedge \mathrm{d}\phi_i$ est nulle si $1 \leq i \leq k$ et non nulle si $k+1 \leq i \leq n$ (en particulier, nous avons $\mathrm{d}\phi_i \wedge \mathrm{d}\phi_i = -\mathrm{d}\phi_i \wedge \mathrm{d}\phi_i = 0$). Il s'ensuit que

$$\begin{aligned} \mathrm{d}\phi_1 \wedge \cdots \wedge \mathrm{d}\phi_k \wedge \mathrm{d}\psi &= \mathrm{d}\phi_1 \wedge \cdots \wedge \mathrm{d}\phi_k \wedge \sum_{i=1}^{n} \frac{\partial \psi}{\partial \phi_i} \mathrm{d}\phi_i \\ &= \sum_{i=k+1}^{n} \frac{\partial \psi}{\partial \phi_i} \mathrm{d}\phi_1 \wedge \cdots \wedge \mathrm{d}\phi_k \wedge \mathrm{d}\phi_i = 0 \end{aligned}$$

sur U, ce qui ne peut être vrai à moins que $\frac{\partial \psi}{\partial \phi_i}$ soient nulles pour $i = k+1, \ldots, n$. La démonstration de ce fait n'est rien qu'une particularisation de la

6.3 Synthèse d'observateur à l'aide d'immersion

démonstration du résultat qui donne le test d'indépendance des 1-formes, à savoir : l'ensemble

$$\{d\phi_{i_1} \wedge \cdots \wedge d\phi_{i_{k+1}} : 1 \leq i_1 < \cdots < i_{k+1} \leq n\}$$

est une base de l'espace des formes d'ordre $k+1$ définies sur U [Spivak 1979]. Une esquisse de démonstration est la suivante : soit $\{e_1, \ldots, e_n\}$ la base duale de $\{d\phi_1, \ldots, d\phi_n\}$. Étant donné que $d\phi_i(e_j) = \delta_j^i$, $1 \leq i, j \leq n$, la relation

$$0 = \left(\sum_{i=k+1}^{n} \frac{\partial \psi}{\partial \phi_i} d\phi_1 \wedge \cdots \wedge d\phi_k \wedge d\phi_i\right)(e_1, \ldots, e_k, e_j)$$

implique $\frac{\partial \psi}{\partial \phi_j} = 0$ pour tout choix de j tel que $k+1 \leq j \leq n$. □

Nous pouvons à présent démontrer le résultat suivant :

6.15 Théorème. *Un système (6.26) qui satisfait la condition de rang pour l'observabilité en $x°$ est immergeable sur un voisinage de $x°$ dans un système (6.27) dont les structures des matrices impliquées sont données par (6.23).* ◇

Démonstration. On montre que :

(i) sous les condition du théorème, la procédure de transformation ci-dessous appliquée au système (6.26) conduit à un système (6.27) à structure (6.23) ;

(ii) cette transformation est une immersion au sens de la définition 2.29.

6.16 Procédure d'immersion (dans une forme affine en l'état perturbée par une non linéarité structurée).

❶ *Au premier pas, construire le vecteur z_1 de toutes les fonctions h_i, $0 \leq i \leq m$, qui dépendent de l'état x ;*

❷ *Au pas $k+1$, en supposant que les vecteurs $z_1, \ldots, z_k$ ont été construits aux pas précédents, choisir parmi les différentielles des éléments de ces vecteurs le nombre maximum de différentielles indépendantes qui engendrent une codistribution régulière dans un voisinage de $x°$. Soit $\{d\phi_1, \ldots, d\phi_{\nu_k}\}$ l'ensemble de ces différentielles.*

- Si $\nu_k = n$, la construction est achevée;
- Sinon, en supposant que $z_k = \mathrm{col}(z_k^1, \ldots, z_k^{N_k})$, construire le vecteur z_{k+1} de toutes les fonctions $L_{f_i} z_k^j$ avec $0 \leq i \leq m$, $1 \leq j \leq N_k$, qui ne satisfont pas

$$\mathrm{d}\phi_1 \wedge \cdots \wedge \mathrm{d}\phi_{\nu_k} \wedge \mathrm{d}L_{f_i} z_k^j = 0 \qquad (6.28)$$

dans un voisinage de x°. Réitérer. ◊

(i) Les éléments de $z_1, z_2, \ldots$ sont, par construction, des éléments de l'espace d'observation du système, $\mathcal{O}(h)$, ce qui signifie que leurs différentielles sont des éléments de la codistribution $\mathrm{d}\mathcal{O}(h)$. La construction se poursuit jusqu'à ce qu'une base de $\mathrm{d}\mathcal{O}(h)$ soit obtenue. En autres termes, $\nu_k = n$ si et seulement si le vecteur z_{k+1} est vide. La preuve de la suffisance dans cette affirmation étant triviale, on ne donne que la preuve de la nécessité, ce qui équivaut à montrer que $\nu_k < n$ implique que z_{k+1} n'est pas vide. Dans ce but, considérons à chaque pas $k+1$ la codistribution

$$\mathrm{span}\{\mathrm{d}\phi_1, \ldots, \mathrm{d}\phi_{\nu_k}\} + \mathrm{span}\{\mathrm{d}L_{f_i} z_k^j : 0 \leq i \leq m, 1 \leq j \leq N_k\}. \qquad (*)$$

Si la codistribution $(*)$ est régulière en x°, on fait une déduction par l'absurde. Supposons que $\nu_k < n$ et z_{k+1} soit vide. Alors tout covecteur $\mathrm{d}L_{f_i} z_k^j$, $0 \leq i \leq m$, $1 \leq j \leq N_k$, peut s'exprimer comme combinaison linéaire de $\mathrm{d}\phi_1, \ldots, \mathrm{d}\phi_{\nu_k}$ sur un voisinage de x°. Combiné avec la manière dont les vecteurs $z_1, \ldots, z_k$ ont été construits, ceci signifie que la codistribution $\mathrm{span}\{\mathrm{d}\phi^1, \ldots, \mathrm{d}\phi^{\nu_k}\}$, qui contient l'ensemble $\{\mathrm{d}h_0, \ldots, \mathrm{d}h_m\}$, est invariante sous la dérivée de Lie le long des champs de vecteurs $f_0, \ldots, f_m$. La dimension de cette codistribution est inférieure à n sur un voisinage de x°, contredisant la supposition $\dim \mathrm{d}\mathcal{O}(h)(x^\circ) = n$.

Examinons maintenant la situation où la codistribution $(*)$ est singulière en x°. Puisque l'ensemble des points réguliers d'une codistribution de classe C^∞ définie sur un ensemble U est ouvert est dense dans U, nous pouvons affirmer relativement à la codistribution $(*)$ les assertions suivantes :

6.3 Synthèse d'observateur à l'aide d'immersion

- Si la codistribution $(*)$ est singulière en $x°$, il existe toujours des éléments de l'ensemble $\{dL_{f_i}z_k^j : 0 \leq i \leq m, 1 \leq j \leq N_k\}$ pour lesquels la condition (6.28) ne soit pas satisfaite sur un voisinage de $x°$.
- Si la codistribution $(*)$ est singulière sur un ensemble qui n'inclut pas $x°$, il existe toujours un voisinage de $x°$ sur lequel elle soit régulière.

Il en résulte qu'à chaque pas $k+1$, tant que ν_k est inférieur à n, le vecteur z_{k+1} résultant ne peut être jamais vide. Cependant, la possibilité d'obtenir des codistributions intermédiaires singulières en $x°$ au cours de la construction peut suggérer que la construction ne peut pas s'achever dans un nombre fini de pas.

Évidemment, dans le cas le plus favorable la codistribution intermédiaire $(*)$ n'est jamais singulière cours de la construction, ce qui garantit que la construction s'achève en n pas au plus. À l'autre pôle, non seulement une codistribution intermédiaire peut être singulière en $x°$, mais sa dimension en $x°$ peut être inchangée par rapport au pas antérieur. On note toutefois qu'il est impossible d'itérer indéfiniment sans que cette dimension augmente et finisse par atteindre n, car cela signifierait que le système ne satisfait pas la condition de rang pour l'observabilité en $x°$.

Supposons maintenant que $\nu_k = n$. On affirme que le système dynamique ayant pour variables d'état les éléments du vecteur $z = \text{col}(z_1, \ldots, z_k)$ peut se mettre sous la forme (6.27) à structure donnée par (6.23). Étant donné que pour un élément arbitraire z_k^j, $1 \leq j \leq N_k$, nous avons

$$\dot{z}_k^j(x) = \sum_{i=0}^m L_{f_i} z_k^j(x) u_i, \qquad (6.29)$$

la manière dont z_{k+1} a été construit et le lemme 6.14 impliquent que pour $k < q$ nous pouvons écrire

$$\dot{z}_k = A_{k,k+1}(u) z_{k+1} + B_k(z_1, \ldots, z_k) u.$$

Quand $k = q$, l'application $\phi = \text{col}(\phi_1, \ldots, \phi_n)$ définit un système de coordonnées sur un voisinage $V°$. Par conséquent, toute fonction de x, ce qui inclut aussi les dérivées itérées de Lie des fonctions $h_0(x), \ldots, h_m(x)$ le long de champs de vecteurs dans l'ensemble $\{f_0, \ldots, f_m\}$, peut s'exprimer sur $V°$

comme fonction de n éléments de z. On écrit alors

$$\dot{z}_q = B_q(z)u.$$

(ii) Pour la preuve de cette partie, il suffit de remarquer que $z(x)$ peut être pris pour l'immersion $\tau(x)$ de la définition 2.29. Dans ce cas, en écrivant le système obtenu sous la forme

$$\dot{z} = \sum_{i=0}^{m} \tilde{f}_i(z) u_i$$
$$y = \sum_{i=0}^{m} \tilde{h}_i(z) u_i,$$

nous avons, par construction,

$$\begin{aligned}\frac{\partial \tau}{\partial x} f_i(x) &= \tilde{f}_i(\tau(x)) \\ h_i(x) &= \tilde{h}_i(\tau(x))\end{aligned} \qquad i = 0, \ldots, m \qquad (6.30)$$

pour tout $x \in V^\circ$. Une première conséquence est que les flots $\Phi_t^{f_i}(x)$ et $\Phi_t^{\tilde{f}_i}(z)$ des champs de vecteurs f_i et $\tilde{f}_i$ respectivement, satisfont la propriété

$$\tau(\Phi_t^{f_i}(x)) = \Phi_t^{\tilde{f}_i}(\tau(x)) \qquad (6.31)$$

pour tout $x \in V^\circ$ et tout $t \geq 0$ tel que $\Phi_t^{f_i}(x) \in V^\circ$, ou, de façon équivalente,

$$\tau(x_{x^\bullet, u}(t)) = z_{\tau(x^\bullet), u}(t)$$

pour tout $x^\bullet \in V^\circ$ et tout $t > 0$ tel que $x_{x^\bullet, u}([0, t)) \subset V^\circ$. Il s'ensuit, en utilisant la deuxième propriété dans (6.30) que les deux systèmes ont le même comportement entrée-sortie s'ils sont initialisés à $x^\bullet$ et $\tau(x^\bullet)$ respectivement, pour tout $x^\bullet \in V^\circ$. $\square$

6.17 Remarque. L'immersion de systèmes τ construite dans le preuve du théorème se comporte comme une immersion de variétés ; en particulier, elle est une application injective de $V^\circ \subset \mathbb{R}^n$ dans $\mathbb{R}^N$. De plus, les images des champs de vecteurs f_i, $i = 0, \ldots, m$ par l'application τ_* sont exactement les champs de vecteurs $\tilde{f}_i$, $i = 0, \ldots, m$ (comparer (6.31) avec (2.13)). $\triangle$

6.3 Synthèse d'observateur à l'aide d'immersion 131

6.18 Remarque. Il est important de retenir que le calcul de x par l'inversion de l'application ϕ n'est unique que si le point z se trouve dans l'*image* de ϕ; une projection convenable sur cette image devrait être effectuée en préalable. △

Questions d'observabilité

Nous avons déjà évoqué, au paragraphe 2.4, puis au paragraphe 4.3, un aspect important relatif à la transformation d'un système dans un autre système par l'intermédiaire de l'immersion. Cet aspect concerne la propriété d'observabilité, qui, elle aussi peut être affectée par la transformation respective. Nous avons vu que nous sommes intéressés que la propriété d'observabilité soit invariante vis-à-vis de la transformation dans la mesure où nous sommes intéressés que la transformation soit inversible. En particulier, puisque les systèmes ont le même comportement entrée-sortie, les assertions « les trajectoires d'état sont homéomorphes » et « les systèmes partagent les mêmes propriétés d'observabilité » sont équivalentes.

Il est clair que l'immersion décrite dans la preuve du théorème 6.15 correspond à la situation ci-dessus ; effectivement, la transformation détermine localement une correspondance bijective entre les trajectoires des deux systèmes. Par conséquent, le système obtenu après transformation « hérite » des propriétés relatives à l'observabilité du système original.

Cependant, on se retrouve face à un problème similaire à celui évoqué au paragraphe 4.3 car, comme dans le cas de l'observateur employé pour les systèmes affines en l'état modulo injection de sortie, la propriété d'observabilité sur laquelle s'appuie la synthèse d'observateur pour les systèmes de la forme (6.22)–(6.23) se traduit par une propriété de persistance de l'entrée, appelée ici « régularité locale ». Ainsi, du fait que pour les systèmes sous la forme (6.25) on ne sait pas encore définir la notion d'entrée localement régulière, à priori il n'y a aucune garantie que le système obtenu après immersion admette de telles entrées.

En conclusion, on ne peut garantir que l'observabilité locale faible, qui est satisfaite en conséquence de la condition de rang utilisée pour réaliser la construction de l'immersion. Dans le but de vérifier que le système obtenu après immersion satisfait vraiment la condition de rang pour l'observabilité, nous pouvons également utiliser comme argument le fait que par construction, chaque équation après transformation a une structure (6.29), ce qui signifie que par l'intermédiaire d'une évolution convenable des entrées et en exploitant la structure triangulaire on peut discerner toutes les composantes du vecteur d'état et par conséquent tout couple de points dans l'espace de définition du système.

6.4 Application

A titre d'illustration de la méthodologie présentée ci-avant, on considère dans ce paragraphe le problème d'estimation d'une charge connectée à un réseau électrique radial, comme montré dans la figure 6.1. Les tensions de bus E et V et la réactance X sont connues. Le modèle de charge utilisé est une version simplifiée du modèle générique de charge récupératrice présenté ci-dessous, issu de [Karlsson et Hill 1994] :

$$\dot{x}_p = -\frac{x_p}{T_p} + P_0(V^{\alpha_s} - V^{\alpha_t})$$
$$P = \frac{x_p}{T_p} + P_0 V^{\alpha_t}$$
$$\dot{x}_q = -\frac{x_q}{T_q} + Q_0(V^{\beta_s} - V^{\beta_t})$$
$$Q = \frac{x_q}{T_q} + Q_0 V^{\beta_t},$$

avec le définitions suivantes de paramètres (en se rapportant seulement à la partie qui concerne la puissance active) :

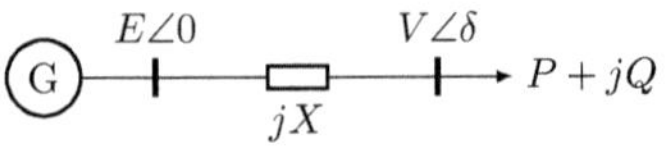

FIGURE 6.1 – Ligne de distribution dans un réseau radial.

6.4 Application

T_p – la constante de temps de rétablissement de la puissance active ;

P_0 – la puissance active consommée par la charge en régime stationnaire quand la valeur normalisée de la tension de bus V vaut 1 pu ;

α_t – paramètre qui caractérise la variation de la puissance active, par rapport à l'ancienne valeur d'équilibre, à l'instant qui suit un changement dans la tension V ;

α_s – paramètre qui caractérise la variation de la puissance active entre deux valeurs d'équilibre après un changement dans la tension V.

Les définitions des paramètres impliqués dans la partie qui concerne la puissance réactive s'obtiennent par analogie. D'ailleurs, vu que les puissances active et réactive sont normalement mesurées, on note que le système peut se décomposer en deux systèmes mono-sortie indépendants, ce qui signifie qu'en ce qui concerne l'estimation, une solution établie pour l'une des deux parties peut s'appliquer par analogie à l'autre.

Ce modèle s'est révélé assez capable de capturer les caractéristiques dominantes du comportement d'ensemble des charges connectées à un bus, d'où l'intérêt de le prendre de base pour l'estimation de ce comportement. À titre d'exemple de résultat disponible, mentionnons [Knyazkin et al. 2004], où, en supposant que P_0 est connu, la constante de temps T_p et les paramètres α_s et α_t sont estimés avec une méthode d'erreur de sortie.

Ici, on considère un modèle simplifié, au sens où les paramètres α_s et α_t sont connus et en particulier égaux à 0 et 2 respectivement (ce modèle a été considéré représentatif pour des études de stabilité, par exemple dans [Attia 2005]) :

$$\begin{aligned} \dot{x}_p &= -\frac{x_p}{T_p} + P_0(1 - V^2) \\ y &= \frac{x_p}{T_p} + P_0 V^2. \end{aligned} \quad (6.32)$$

Le problème à résoudre pour ce système est l'estimation de x_p, T_p, et P_0 à partir des mesures d'entrée V^2 et de sortie y, en considérant que les dynamiques de T_p et P_0 seront négligeables devant la dynamique de l'observateur, c'est-à-dire

$$\dot{T}_p = 0 \qquad \dot{P}_0 = 0. \quad (6.33)$$

Le système (6.32)–(6.33) à vecteur d'état $\tilde{x} = \text{col}(x_p, P_0, T_p)$ n'appartient pas à la classe des systèmes qui permette la synthèse d'un observateur à grand gain « classique », mais il peut s'immerger dans une forme (6.27) en utilisant la procédure systématique présentée au paragraphe précédent, comme montré dans ce qui suit.

Pendant un fonctionnement normal du réseau, la valeur de la tension V devrait être environ 1 pu, ce qui correspond à un point d'équilibre à 0 pour la dynamique de récupération de puissance, donc nous envisageons une immersion utilisable autour d'un tel point. En fait, la construction de l'immersion nous permettra également de vérifier que le système satisfait bien la condition de rang pour l'observabilité en tout point ($x_p = 0, T_p \neq 0, P_0 \neq 0$). La procédure est initialisée avec

$$z_1^1 = h_0(\tilde{x}) = \frac{x_p}{T_p}$$
$$z_1^2 = h_1(\tilde{x}) = P_0.$$

Les dérivées de Lie de ces fonctions le long des champs de vecteurs f_0 et f_1 sont

$$L_{f_0} h_0 = -\frac{x_p}{T_p^2} + \frac{P_0}{T_p}$$
$$L_{f_1} h_0 = -\frac{P_0}{T_p}$$
$$L_{f_0} h_1 = L_{f_1} h_1 = 0.$$

Puisque les fonctions $L_{f_0} h_0$ et $L_{f_1} h_0$ ne peuvent pas s'exprimer en utilisant exclusivement les variables z_1^1 et z_1^2, elle deviennent des nouvelles variables d'état, z_2^1 et z_2^2 respectivement. La procédure s'arrête, car l'espace engendré par les différentielles de z_1^1, z_1^2 et z_2^2 est de dimension trois autour de tout point ($x_p = 0, T_p \neq 0, P_0 \neq 0$). Effectivement, sur un voisinage d'un tel point il vient

$$L_{f_0} L_{f_0} h_0 = -\frac{x_p}{T_p^3} + \frac{P_0}{T_p^2} = -\left(\frac{z_2^2}{z_1^2}\right)^2 z_1^1 + \frac{(z_2^2)^2}{z_1^2}$$
$$L_{f_1} L_{f_0} h_0 = -\frac{P_0}{T_p^2} = -\frac{(z_2^2)^2}{z_1^2}$$
$$L_{f_0} L_{f_1} h_0 = L_{f_1} L_{f_1} h_0 = 0.$$

6.4 Application

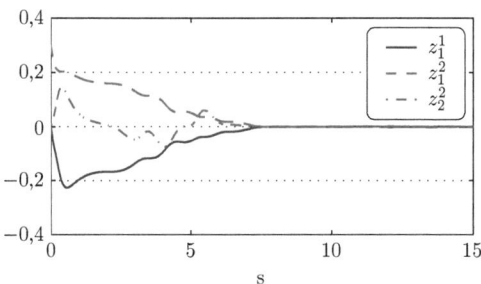

FIGURE 6.2 – Erreurs d'estimation.

Le système dynamique à vecteur d'état $z = \text{col}(z_1^1, z_1^2, z_2^1, z_2^2)$ peut donc s'écrire sous une forme (6.27), à savoir :

$$\dot{z} = \begin{bmatrix} 0 & 0 & 1 & u \\ 0 & 0 & 0 & 0 \\ 0 & 0 & 0 & 0 \\ 0 & 0 & 0 & 0 \end{bmatrix} z + \begin{bmatrix} 0 \\ 0 \\ -\left(\frac{z(4)}{z(2)}\right)^2 z(1) + \frac{z(4)^2}{z(2)}(1-u) \\ 0 \end{bmatrix}$$

$$y = \begin{bmatrix} 1 & u & 0 & 0 \end{bmatrix} z.$$

Pour ce système, nous pouvons construire un observateur (6.21) et à partir des estimations de z calculer les estimations de $\tilde{x}$. Un tel observateur a été testé en simulation pour les valeurs de paramètres suivantes

$$X = 0{,}25 \text{ pu} \qquad T_p = 60 \text{ s} \qquad P_0 = 1 \text{ pu},$$

autour de l'équilibre $x_p = 0$. Pendant la simulation, des variations lentes de la tension de bus E ont garanti une excitation suffisante pour l'estimation.

L'observateur a été initialisé avec des estimations correspondant à 30% d'erreur pour P_0 et 50% d'erreur pour T_p. Les valeurs des paramètres de réglage de l'observateur ont été choisis $\lambda = 3$ et $\gamma = 1$. Les erreurs d'estimation, présentées dans la figure 6.2, montrent que l'observateur permet l'estimation de z et par conséquent celle de x_p, P_0 et T_p.

6.19 Remarque. Le système (6.32)–(6.33) peut s'immerger également dans un système affine avec injection de sortie, en lui appliquant la procédure d'immersion 4.3. Concrètement, en écrivant l'équation de sortie sous la forme

$$y = h_1(\tilde{x}) + h_2(\tilde{x})V^2,$$

la procédure d'immersion est initialisée avec

$$h_1(\tilde{x}) = \frac{x_p}{T} \qquad\qquad h_2(\tilde{x}) = P_0.$$

Puisque l'on peut écrire

$$\dot{x}_p = -y + P_0,$$

nous avons

$$\frac{\mathrm{d}}{\mathrm{d}t}\frac{x_p}{T} = -y\frac{1}{T} + \frac{P_0}{T}$$

et nous obtenons l'immersion

$$\tilde{x} \mapsto \begin{bmatrix} x_p/T \\ P_0 \\ 1/T \\ P_0/T \end{bmatrix}$$

dans un système affine en l'état d'ordre quatre.

On note toutefois que nous sommes arrivés à ce résultat par l'intermédiaire d'une procédure d'immersion heuristique et que pour l'exemple considéré ici nous pouvons obtenir une immersion dans la même dimension en suivant une démarche systématique. △

6.5 Extensions

Systèmes affines en l'entrée non observables au sens du rang

La procédure d'immersion décrite dans la preuve du théorème 6.15 peut s'appliquer également à certains systèmes non observables au sens du rang. Il s'agit des systèmes dont la dynamique peut se décomposer en deux parties, de manière que la sortie ne dépende que de l'une d'entre elles, qui jouit aussi de la propriété d'être localement faiblement observable.

6.5 Extensions

Dans cette situation, sous l'hypothèse de régularité en $x°$ de la codistribution $d\mathcal{O}(h)$, si $\dim d\mathcal{O}(h)(x°) = d < n$, la construction s'arrête quand les différentielles des éléments générés engendrent une codistribution régulière de dimension d dans un voisinage de $x°$.

En particulier, il a été mentionné au paragraphe 2.4 qu'un système dont la codistribution $d\mathcal{O}(h)$ est régulière, peut être *submergé* dans un système localement faiblement observable. Dans le cas des systèmes affines en l'entrée (6.25) définis sur $\mathbb{R}^n$, la construction d'une telle submersion est donnée dans [Isidori 1995], où il est montré que s'il existe une codistribution Ω avec les propriétés :

(i) elle est engendrée dans le voisinage d'un point régulier $x°$ par d' 1-formes exactes ;

(ii) elle contient la codistribution $\text{span}\{dh_0, \ldots, dh_m\}$;

(iii) elle est fermée sous l'action des champs de vecteurs $f_0, \ldots, f_m$;

alors le changement de coordonnées $\tilde{z} = \tilde{\phi}(x)$ tel que $\text{span}\{d\tilde{\phi}_{n-d'+1}, \ldots, d\tilde{\phi}_n\} = \Omega$ conduit à la représentation suivante de (6.25) dans le voisinage de $x°$:

$$\dot{\zeta}_1 = f_{10}(\zeta_1, \zeta_2) + \sum_{i=1}^{m} f_{1i}(\zeta_1, \zeta_2) u_i$$
$$\dot{\zeta}_2 = f_{20}(\zeta_2) + \sum_{i=1}^{m} f_{2i}(\zeta_2) u_i$$
$$y = h_0(\zeta_2) + \sum_{i=1}^{m} h_i(\zeta_2) u_i$$

où $\zeta_1 = \text{col}(\tilde{z}_1, \ldots, \tilde{z}_{n-d'})$ et $\zeta_2 = \text{col}(\tilde{z}_{n-d'+1}, \ldots, \tilde{z}_n)$. Il est clair que $x \mapsto \zeta_2(x)$ est une submersion du voisinage considéré de $x°$, car le rang de cette application est égal à d' sur ce voisinage.

Remarquons que la codistribution $d\mathcal{O}(h)$ avec une base générée à l'aide de la procédure d'immersion dans le voisinage du point régulier $x°$ satisfait les propriétés requises pour la construction d'une telle décomposition du système. De plus, $d\mathcal{O}(h)$ est la codistribution *minimale* qui possède ces propriétés, c'est-à-dire il n'existe pas une autre codistribution avec les mêmes propriétés et dimension $d' < d$ telle que dans la décomposition résultante la sortie dépende seulement de d' éléments du vecteur d'état. Dans cette situation, la dynamique ζ_2 est localement faiblement observable et son estimation à l'aide d'un observateur d'état est le maximum qui peut être obtenu dans le voisinage de x° à partir du comportement entrée-sortie du système considéré.

Évidemment, l'application de la procédure de construction directement au système (6.26) équivaut à la décomposition dans un premier temps du système, suivie par l'immersion de la partie observable (qui satisfait à ce stade la condition de rang pour l'observabilité en $\zeta_2(x^\circ)$). Toutefois, à la différence de la construction effectuée sous les conditions du théorème 6.15, il n'existe plus une correspondance bijective entre les trajectoires des deux systèmes, en conséquence de l'inobservabilité du système transformé (submergé, puis immergé).

Extension à la dépendance $A(u, y)$

Une conséquence de l'immersion par la procédure décrite dans la preuve du théorème 6.15 est l'augmentation (parfois importante) de l'ordre du système. Nous pouvons diminuer cet effet en utilisant une procédure d'immersion légèrement modifiée, combinée avec l'injection de sortie. Cependant, comme dans le cas de la construction présentée au paragraphe 4.2, du fait de la présence de y on ne dispose pas d'une procédure systématique de transformation. Nous sommes donc amenés à utiliser une approche heuristique, sans aucune garantie vis-à-vis de l'obtention du résultat souhaité.

Plus précisément, au lieu de considérer comme variables d'état les dérivées itérées de Lie des fonctions $h_0, \ldots, h_m$ le long de champs de vecteurs dans l'ensemble $\{f_0, \ldots, f_m\}$, nous pouvons procéder comme suit : nous commençons avec le même jeu de variables que dans la procédure originale et à chaque pas de la construction nous écrivons les dérivées de Lie des fonctions retenues comme variables d'état au pas précédent sous la forme de sommes en isolant de manière convenable les termes qui peuvent s'exprimer autour de x° en fonction de variables d'état déjà créées, et en séparant les termes qui deviennent des nouvelles variables d'état. La construction s'arrête quand les différentielles des fonctions retenues comme variables d'état engendrent en x° un espace de

6.5 Extensions

dimension n. Étant donné que cet espace coïncide avec $d\mathcal{O}(h)$ sur un voisinage de $x°$, la condition d'arrêt est forcément remplie après un nombre fini de pas.

Au cours de la construction on peut se retrouver dans la situation où le terme qui est censé à devenir une variable d'état, noté par exemple ξ, peut s'exprimer en utilisant la dépendance explicite de y comme $\bar{\xi}(y)\tilde{\xi}(x)$. Il est possible alors de choisir $\tilde{\xi}(x)$ en tant que nouvelle variable d'état, ce qui rend la matrice A dépendante de y à travers le terme $\bar{\xi}(y)$. Le but est évidemment l'obtention d'expressions plus simples pour les dérivées des nouvelles variables d'état, ce qui peut conduire *in fine* à un plus petit nombre de variables d'état.

Bien évidemment, la façon dont on s'appuie sur la dépendance explicite en y n'est pas unique et la façon choisie à chaque fois où nous avons l'opportunité n'est pas forcement la meilleure. Pourtant, par comparaison avec l'exemple 4.2, un « mauvais » choix ne conduira jamais à l'explosion de la construction, en conséquence du fait que cette fois-ci les non linéarités sont, dans une certaine mesure, tolérées.

Extension au cas non affine en l'entrée

Une approche similaire à celle décrite dans la discussion précédente peut s'utiliser dans certains cas pour des systèmes non affines en l'entrée. Ainsi, nous pouvons traiter des situations où la fonction de sortie peut s'écrire de manière convenable comme une somme de termes du type $\bar{\eta}(u)\tilde{\eta}(x)$. La procédure d'immersion sera alors initialisée avec les termes représentées de façon générique par $\tilde{\eta}(x)$.

Pour que la procédure puisse aboutir, les expressions des dérivées *temporelles* des nouvelles variables créées doivent respecter certaines contraintes. Plus précisément, comme pour la fonction de sortie, un arrangement convenable de ces expressions sous forme de sommes est exigé, tel que les termes qui ne peuvent pas s'exprimer sur un voisinage de $x°$ en fonction des variables d'état déjà créées (éventuellement en combinaison avec u) puissent se mettre sous une forme $\bar{\eta}(u)\tilde{\eta}(x)$, bien que la dépendance $\bar{\eta}(u,y)$ soit également admise.

6.20 Exemple. Soit le système

$$\dot{x}_1 = u\alpha(x_2) + \beta(x_1)x_2$$
$$\dot{x}_2 = \gamma(x_1, x_2, u)$$
$$y = x_1.$$

Si le système est tel que nous ayons $u\frac{\partial \alpha(x_2)}{\partial x_2} + \beta(x_1) \geq a > 0$ pour tout x_1, x_2, nous pouvons construire un observateur à grand gain, comme par exemple dans [Gauthier et Kupka 1994]. Si cette condition n'est pas satisfaite, il est toutefois possible d'immerger le système dans la forme étudiée au paragraphe 6.3.

On initialise la procédure avec $z_1^1 = x_1$. En utilisant la dépendance en y, il vient

$$\dot{z}_1^1 = u\alpha(x_2) + \beta(y)x_2,$$

d'où nous obtenons les nouvelles variables d'état $z_2^1 = \alpha(x_2)$ et $z_2^2 = x_2$. Leurs équations différentielles sont

$$\dot{z}_2^1 = \frac{\partial \alpha(x_2)}{\partial x_2}\gamma(x_1, x_2, u) = \delta(z_2^2)\gamma(z_1^1, z_2^2, u)$$
$$\dot{z}_2^2 = \gamma(x_1, x_2, u) = \gamma(z_1^1, z_2^2, u)$$

ce qui signifie que la construction est terminée. △

6.6 Conclusions

Dans ce chapitre nous avons vu que pour une classe très large de systèmes affines en l'entrée et aussi pour certains systèmes non affines en l'entrée, il est possible de construire un observateur d'état en immergeant dans un premier temps le système dans une forme particulière, puis en utilisant un observateur spécifique à cette forme-ci, sans s'appuyer sur des conditions d'observabilité uniforme, mais sous des conditions d'excitation particulières.

On note que les conditions d'immersion sont très peu restrictives (satisfaction de la condition du rang pour l'observabilité) alors que les conditions d'excitation sont assez contraignantes. En particulier, nous utilisons une propriété

6.6 Conclusions

de persistance régulière de l'entrée sur des intervalles de temps arbitrairement petits. Les intervalles de temps en question dépendent du choix du paramètre de réglage λ de l'observateur, de sorte que plus nous sommes amenés à augmenter λ afin de garantir, ou bien d'accélérer, la convergence de l'observateur, plus ces intervalles diminuent, d'où le besoin d'une excitation plus riche.

La construction de l'immersion a été illustrée sur un exemple d'application dont l'objectif était l'estimation du modèle d'une charge générique connectée à un réseau électrique. L'observateur associé a été ensuite testé en simulation, où il a montré des performances que nous pouvons juger satisfaisantes.

7 Conclusions et perspectives

L'objectif de ce dernier chapitre est double : d'une part, il se veut un bilan des contributions de ce travail dans le domaine de l'estimation non linéaire et d'autre part il souhaite indiquer dans quelle mesure ces contributions donnent lieu à des travaux supplémentaires.

En ce qui concerne les contributions, dans une première partie nous avons exploré la possibilité de s'appuyer sur l'injection de sortie dans le but d'élargir la classe des systèmes qui peuvent s'immerger dans une forme affine en l'état. Du fait de la façon non unique de paramétrer par la sortie l'équation différentielle qui gouverne la dynamique, il est assez difficile d'étendre les résultats disponibles sur l'immersion dans cette forme, en particulier le résultat qui utilise la condition de finitude de l'espace d'observation. Par conséquent, les façons de construire l'immersion que nous avons proposées sont des façons heuristiques, dans la mesure où la réussite n'est pas garantie a priori et peut dépendre également de la manière dont on choisit d'injecter la sortie. Pourtant, il se trouve qu'une telle technique peut s'appliquer avec succès à deux problèmes d'estimation reconnus dans la littérature comme difficiles. Le premier concerne l'estimation de l'angle de charge d'un générateur synchrone quand la référence est modélisée comme un bus infini dont la valeur de la tension est également inconnue (et donc à estimer). Le deuxième problème concerne l'estimation simultanée d'état et de paramètres dans les moteurs asynchrones et on lui a accordé une importance particulière, dans la mesure où nous avons proposé une technique d'implantation en temps discret de la solution d'observation et nous avons présenté, en plus des résultats en simulation, des résultats obtenus sur des données réelles.

Dans une deuxième partie, on a montré qu'une possibilité d'obtenir une caractérisation précise des conditions d'immersion, même en présence de l'in-

7 Conclusions et perspectives

jection de sortie, est de tolérer d'une certaine façon les non linéarités. Plus précisément, on s'est intéressé à l'immersion dans une forme affine en l'état perturbée par une non linéarité additive, sous des conditions particulières de structure. Dans un premier temps, nous avons justifié notre intérêt vis-à-vis de cette forme par la possibilité de construire un observateur ; en particulier, il s'agit d'un observateur à grand gain dont la synthèse ne s'appuie pas sur l'hypothèse d'observabilité uniforme. Puis, nous avons montré que la condition de rang pour l'observabilité est une condition suffisante pour construire une immersion locale d'un système affine en l'entrée dans un système sous la forme cible. Si l'injection de sortie n'est pas utilisée au cours de la construction, on obtient une procédure systématique, qui peut s'appliquer également aux systèmes qui ne satisfont pas la condition de rang pour l'observabilité. Cette procédure peut ensuite s'adapter facilement pour prendre aussi en considération l'injection de sortie. Nous avons vérifié l'applicabilité de la méthode sur un exemple concernant l'estimation d'état et de paramètres vis-à-vis d'un modèle agrégé de charge connectée à un réseau radial de distribution.

En ce qui concerne les perspectives ouvertes par nos contributions, notons d'abord que l'immersion dans une forme affine en l'état avec injection de sortie reste encore un problème ouvert, du moment où on ne dispose pas de conditions suffisantes qui conduisent à une procédure systématique d'immersion. À part la recherche d'une telle condition, une perspective qui se situe plus dans la continuation de notre travail est la recherche de conditions nécessaires qui puissent être testées avant d'essayer d'immerger le système par une procédure heuristique. En outre, le calcul formel pourrait constituer un outil intéressant pour automatiser la construction de l'immersion et vis-à-vis de cet aspect, il y a deux directions qui ressortent : d'une part, l'automatisation de la construction effective, d'autre part l'automatisation de la recherche, au cours de cette construction, d'une paramétrisation des équations différentielles par la sortie, qui convienne pour atteindre l'objectif ciblé.

L'implantation en temps réel de la solution d'observation de la machine asynchrone est une perspective particulièrement intéressante de ce travail, du moment où de premiers pas ont déjà été faits en ce sens, dans la mesure où nous avons proposé une méthodologie d'utilisation de la formulation en temps discret de l'observateur à facteur d'oubli exponentiel, qui a été appliquée d'abord en simulation, puis sur des données réelles. Dans les situations où le coût d'implantation de cette solution se révèle trop important en termes de ressources de calcul, il serait intéressant d'étudier dans quelle mesure il peut être réduit quand l'immersion dans une forme affine en l'état est remplacée par l'immersion dans la forme affine en l'état perturbée qui a été étudiée au chapitre 6.

Au sujet de ce dernier type d'immersion, l'étude du lien avec l'immersion dans une forme affine en l'état au sens du paragraphe 3.2 représente une autre perspective de ce travail. Plus précisément, il serait intéressant de savoir dans quelle mesure l'immersion sans injection de sortie dans une forme affine en l'état perturbée généralise cette immersion-là, vu que dans les deux cas les composantes de la transformation sont éléments (et dans le cas de l'immersion non perturbée une base) de l'espace d'observation.

A Objets de base de la géométrie différentielle

Variété différentiable

Nous rappelons tout d'abord qu'une variété $\mathcal{M}$ de dimension n est un espace topologique séparé à base dénombrable d'ensembles ouverts, qui possède la propriété suivante : pour chaque point $p \in \mathcal{M}$ il existe un homéomorphisme ϕ entre un voisinage U de p et un sous-ensemble ouvert de $\mathbb{R}^n$. La paire (U, ϕ) définit un système de coordonnées locales sur $\mathcal{M}$, ou une *carte*.

Deux cartes (U, ϕ) et (V, ψ) sont C^∞-compatibles si à chaque fois que $U \cap V \neq \emptyset$, les applications $\phi \circ \psi^{-1}$ et $\psi \circ \phi^{-1}$ sont difféomorphismes des ensembles ouverts $\phi(U \cap V)$ et $\psi(U \cap V)$. On appelle *variété différentiable* (ou C^∞) une variété couverte par une collection de cartes C^∞-compatibles qui est aussi une collection maximale, au sens où toute carte qui est C^∞-compatible avec toutes les cartes de la collection se trouve également dans la collection. Une telle collection est appelée *atlas*.

Pour simplicité, le terme *variété différentiable* sera désormais remplacé par le terme *variété*.

Vecteurs tangents

Par l'intermédiaire des coordonnées locales il est possible de définir le concept de fonction[1] C^∞ dont le domaine est un sous-ensemble ouvert d'une variété, ainsi que le concept d'application C^∞ entre deux variétés. Par exemple, une fonction h est de classe C^∞ sur $\mathcal{M}$ si pour tout point $p \in \mathcal{M}$ il existe une carte

---

1. Par *fonction*, on entend ici une application dont le codomaine est $\mathbb{R}$.

(U, ϕ) telle que $p \in U$ et la représentation de h dans les coordonnées locales relatives à cette carte, $h \circ \phi^{-1}$, est de classe C^∞ sur $\phi(U \cap \mathcal{M})$.

Soit $\mathcal{M}$ une variété de dimension n. Pour un sous-ensemble ouvert U de $\mathcal{M}$, notons $C^\infty(U)$ la collection de toutes les fonctions C^∞ définies sur U et pour un point $p \in \mathcal{M}$ donné, notons $C^\infty(p)$ la collection de toutes les fonctions C^∞ dont le domaine de définition inclut un voisinage ouvert de p.

L'*espace tangent* $T_p(\mathcal{M})$ à $\mathcal{M}$ en p est défini comme l'ensemble de toutes les applications $X_p \colon C^\infty(p) \to \mathbb{R}$ qui satisfont pour tout $\alpha, \beta \in \mathbb{R}$ et $h, l \in C^\infty(p)$ les conditions suivantes :

(i) $X_p(\alpha h + \beta l) = \alpha(X_p h) + \beta(X_p l)$

(ii) $X_p(hl) = l(p)(X_p h) + h(p)(X_p l)$.

L'espace $T_p(\mathcal{M})$ possède une structure d'espace vectoriel vis-à-vis des opérations

$$(X_p + Y_p)h = X_p h + Y_p h$$
$$(\alpha X_p)h = \alpha(X_p h).$$

Un *vecteur tangent* à $\mathcal{M}$ en p sera alors un élément de $T_p(\mathcal{M})$. Par analogie avec le cas particulier $\mathbb{R}^n$, un vecteur tangent X_p peut être vu comme un opérateur (de dérivation selon une direction) qui agit sur les fonctions dans $C^\infty(p)$. En particulier, $X_p h$ représente la vitesse de variation de h à p selon la direction X_p.

Application tangente

Toute application C^∞ entre deux variétés $\tau \colon \mathcal{M} \to \mathcal{M}'$ détermine, pour tout $p \in \mathcal{M}$, une application linéaire $\tau_* \colon T_p(\mathcal{M}) \to T_{\tau(p)}(\mathcal{M}')$, appelée *application tangente*, définie comme suit : si $X_p \in T_p(\mathcal{M})$ et $h \in C^\infty(\tau(p))$, alors $\tau_*(X_p)[h] = X_p(h \circ \tau)$.

On peut s'appuyer sur la notion d'application tangente afin d'établir, pour tout choix de carte (U, ϕ) contenant $p \in \mathcal{M}$, une correspondance bijective entre l'espace tangent $T_p(\mathcal{M})$ et l'espace vectoriel $\mathbb{R}^n$.

A Objets de base de la géométrie différentielle

Plus précisément, le difféomorphisme $\phi\colon U \to \mathbb{R}^n$ détermine en tout point $p \in U$ une application $\phi_*\colon T_p(\mathcal{M}) \to T_a(\mathbb{R}^n)$, $a = \phi(p)$, qui est aussi un isomorphisme. Il s'ensuit que l'application ϕ_*^{-1} est un isomorphisme de $T_a(\mathbb{R}^n)$ dans $T_p(\mathcal{M})$. Les images par cette application-ci de la base « naturelle » $\left(\frac{\partial}{\partial x_1}\right)_a, \ldots, \left(\frac{\partial}{\partial x_n}\right)_a$ de l'espace tangent en chaque $a \in \phi(U) \subset \mathbb{R}^n$ représentent une base de l'espace tangent $p = \phi^{-1}(a) \in \mathcal{M}$, notée $\left(\frac{\partial}{\partial \phi_1}\right)_p, \ldots, \left(\frac{\partial}{\partial \phi_n}\right)_p$. Tout vecteur tangent $X_p \in T_p(\mathcal{M})$ peut alors s'exprimer de façon unique comme combinaison linéaire d'éléments de base : $X_p = \sum_{i=1}^n \alpha_{ip}\left(\frac{\partial}{\partial \phi_i}\right)_p$, $\alpha_{ip} \in \mathbb{R}$.

Si $h \in C^\infty(p)$, nous avons

$$\left(\frac{\partial}{\partial \phi_i}\right)_p h = \phi_*^{-1}\left(\frac{\partial}{\partial x_i}\right)_{x=\phi(p)} h = \left[\frac{\partial(h \circ \phi^{-1})}{\partial x_i}\right]_{x=\phi(p)}$$

où le terme à droite dans la deuxième égalité s'obtient par l'intermédiaire de la définition de l'application tangente et représente la valeur en $x = \mathrm{col}(x_1, \ldots x_n) = \phi(p)$ de la dérivée partielle par rapport à x_i de $h \circ \phi^{-1}(x_1, \ldots, x_n)$ (la représentation de h en coordonnées locales). Une conséquence importante est que les composantes de X_p dans la base $\left(\frac{\partial}{\partial \phi_1}\right)_p, \ldots, \left(\frac{\partial}{\partial \phi_n}\right)_p$ s'obtiennent en appliquant X_p aux composantes de l'application $\phi = \mathrm{col}(\phi_1, \ldots, \phi_n)$, autrement dit $\alpha_{ip} = X_p \phi_i$.

Champs de vecteurs

Un *champ de vecteurs* X sur $\mathcal{M}$ est une application $\mathcal{M} \to T(\mathcal{M}) = \bigcup_{p \in \mathcal{M}} T_p(\mathcal{M})$ (l'espace tangent à $\mathcal{M}$) qui associe à tout $p \in \mathcal{M}$ un élément X_p de $T_p(\mathcal{M})$.

Afin d'imposer une certaine propriété de régularité au champ de vecteurs, considérons une carte (U, ϕ) qui contient $p \in \mathcal{M}$. La valeur de X en p peut donc s'écrire $X_p = \sum_{i=1}^n \alpha_{ip}\left(\frac{\partial}{\partial \phi_i}\right)_p$. Quand p est un point qui se déplace à l'intérieur de U, les composantes $\alpha_{1p}, \ldots, \alpha_{np}$ sont fonctions de p. Le champ de vecteurs X est de classe C^r, $r \geq 0$, si pour tout choix de carte (U, ϕ), ces composantes sont fonctions de classe C^r sur U.

Les composantes des champs de vecteurs $\frac{\partial}{\partial \phi_i} = \phi_*^{-1}\left(\frac{\partial}{\partial x_i}\right)$, $i = 1, \ldots, n$, sont constantes, $\alpha_j = \delta_i^j = \left\{\begin{smallmatrix} 1, \text{ si } i = j \\ 0, \text{ si } i \neq j \end{smallmatrix}\right.$, et donc de classe C^∞ sur U, ce qui signifie que chaque $\frac{\partial}{\partial \phi_i}$ est un champ de vecteurs de classe C^∞ sur U. L'ensemble $\frac{\partial}{\partial \phi_1}, \ldots, \frac{\partial}{\partial \phi_n}$ constitue une base de $T_p(\mathcal{M})$ à chaque $p \in U$ et porte la dénomination de *repère orthonormé mobile associé à la carte* (U, ϕ). En toute généralité, on appelle un ensemble de champs de vecteurs $E_1, \ldots, E_n$ linéairement indépendants sur U, un *champ de repères sur U*.

Considérons une application C^∞ entre deux variétés, $\tau \colon \mathcal{M} \to \mathcal{M}'$. Si X est un champ de vecteurs sur $\mathcal{M}$, $\tau_*(X_p)$ est un vecteur tangent en $\tau(p)$. En général, en procédant de cette manière, on ne définit pas un champ de vecteurs sur $\mathcal{M}'$. On dit par contre que le champ de vecteurs X est *projetable* par τ s'il existe une champ de vecteurs Y sur $\mathcal{M}'$ tel que pour tout $q \in \mathcal{M}'$ et $p \in \tau^{-1}(q) \subset \mathcal{M}$ on ait $\tau_*(X_p) = Y_q$. On écrit alors $Y = \tau_*(X)$. Si l'application τ est un difféomorphisme, pour tout champ de vecteurs X sur $\mathcal{M}$ il existe un champ de vecteurs unique Y sur $\mathcal{M}'$ tel que $Y = \tau_*(X)$.

Dérivée de Lie

Soient X un champ de vecteurs C^∞ et h une fonction C^∞ sur $\mathcal{M}$. La *dérivée (de Lie) de h le long de X* est une fonction $\mathcal{M} \to \mathbb{R}$, notée $L_X h$, définie comme suit : $(L_X h)(p) = X_p h$.

Dans le cas particulier où la variété est l'espace $\mathbb{R}^n$, le champ de vecteurs X admet une représentation globale, telle que, pour tout $p \in \mathbb{R}^n$,

$$X_p = f_1(p)\Big(\frac{\partial}{\partial x_1}\Big)_p + \cdots + f_n(p)\Big(\frac{\partial}{\partial x_n}\Big)_p.$$

Le champ de vecteurs X peut être identifiée alors aussi bien par le vecteur de fonctions $f = \mathrm{col}(f_1, \ldots, f_n)$, donc le concept de « dérivée de h le long de f » n'est pas ambigu et nous avons

$$L_f h = \begin{bmatrix} \frac{\partial h}{\partial x_1} & \cdots & \frac{\partial h}{\partial x_n} \end{bmatrix} \begin{bmatrix} f_1 \\ \vdots \\ f_n \end{bmatrix}.$$

A Objets de base de la géométrie différentielle

Crochet de Lie

Le *crochet de Lie de deux champs de vecteurs* X et Y *sur* $\mathcal{M}$ est noté $[X, Y]$ et défini par $[X, Y] = XY - YX$, ce qui donne un champ de vecteurs sur $\mathcal{M}$ dont la valeur en $p \in \mathcal{M}$ associe à $C^\infty(p)$ un sous-ensemble de $\mathbb{R}$ par l'intermédiaire de la formule

$$[X, Y]_p h = (XY - YX)_p h = X_p(Yh) - Y_p(Xh),$$

ou en termes de dérivées de Lie,

$$(L_{[X,Y]} h)(p) = (L_X L_Y h)(p) - (L_Y L_X h)(p).$$

En coordonnées locales (ou sur $\mathbb{R}^n$), si les champs de vecteurs X et Y s'identifient, respectivement, avec les vecteurs de fonctions f et g, le champ de vecteurs $[X, Y]$ s'identifie avec le vecteur $\frac{\partial g}{\partial x} f - \frac{\partial f}{\partial x} g$.

L'ensemble de tous les champs de vecteurs de classe C^∞ sur $\mathcal{M}$ est un $\mathbb{R}$-espace vectoriel, qui est également une *algèbre de Lie* s'il est muni du crochet de Lie, car ce dernier satisfait les propriétés suivantes :

1. il est bilinéaire sur $\mathbb{R}$:

$$[\alpha_1 X_1 + \alpha_2 X_2, Y] = \alpha_1 [X_1, Y] + \alpha_2 [X_2, Y],$$
$$[X, \alpha_1 Y_1 + \alpha_2 Y_2] = \alpha_1 [X, Y_1] + \alpha_2 [X, Y_2];$$

2. il est anticommutatif :

$$[X, Y] = -[Y, X];$$

3. il satisfait la relation de Jacobi :

$$[X, [Y, Z]] + [Y, [Z, X]] + [Z, [X, Y]] = 0.$$

Finalement, il est possible de montrer que le vecteur tangent $[X, Y]_p$ est une mesure de la vitesse de variation du champ de vecteurs Y à p selon la direction X_p. En fait, on peut définir le concept de *dérivée de Lie de* Y *le long de* X, et montrer que cette dérivée, notée $L_X Y$, coïncide en tout point avec $[X, Y]$.

Covecteurs

Considérons un point $p \in \mathcal{M}$. L'espace tangent $T_p(\mathcal{M})$ en tant que $\mathbb{R}$-espace vectoriel de dimension finie, possède un espace dual $T_p^*(\mathcal{M})$, c'est-à-dire $\mu_p \in T_p^*(\mathcal{M})$ est une application linéaire $\mu_p \colon T_p(\mathcal{M}) \to \mathbb{R}$.

L'espace $T_p^*(\mathcal{M})$ est appelé *l'espace cotangent à $\mathcal{M}$ au point p* et ses éléments sont appelés *covecteurs*. Étant donnée une base $E_{1p}, \ldots, E_{np}$ de $T_p(\mathcal{M})$, il existe une base duale unique $\omega_{1p}, \ldots, \omega_{np}$ qui satisfasse $\omega_{ip}(E_{jp}) = \delta_j^i$. Par conséquent, les composantes de μ_p dans cette base sont égales aux valeurs obtenues en appliquant ce covecteur aux vecteurs tangents $E_{1p}, \ldots, E_{np}$, c'est-à-dire

$$\mu_p = \sum_{i=1}^n \mu_p(E_{ip})\omega_{ip}.$$

Par analogie avec la manière dont le concept de champ de vecteurs a été introduit, il est possible d'introduire le concept de champ de covecteurs : il s'agit d'une application μ qui associe à tout $p \in \mathcal{M}$ un élément $\mu_p \in T_p^*(\mathcal{M})$. Si X est un champ de vecteurs et μ est un champ de covecteurs sur un sous-ensemble ouvert U de $\mathcal{M}$, alors $\mu(X)$ définit une fonction sur U : pour tout $p \in U$, nous avons $\mu(X)[p] = \mu_p(X_p)$. On utilise cette remarque pour introduire, pour les champs de covecteurs aussi, une condition de régularité : le champ de covecteurs μ est de classe C^r, $r \geq 0$, si et seulement si, pour tout champ de vecteurs X de classe C^∞ sur un sous-ensemble ouvert U de $\mathcal{M}$, la fonction $\mu(X)$ est de classe C^r sur U.

Notons que si $E_1, \ldots, E_n$ est un champ de repères C^∞ sur U, alors la base duale en chaque point de U définit un champ de bases duales $\omega_1, \ldots, \omega_n$ sur U, tel que $\omega_i(E_j) = \delta_j^i$. On appelle l'ensemble $\omega_1, \ldots, \omega_n$ un *champ de corepères* (ou un *corepère mobile* si $E_1, \ldots, E_n$ est un repère mobile). Les ω_i sont de classe C^∞ et le champ de covecteurs μ est de classe C^r si et seulement si dans chaque carte (U, ϕ) ses composantes relatives au corepère mobile associé sont de classe C^r sur U.

Un exemple important de champ de covecteurs s'obtient à partir d'une fonction h de classe C^∞. Le champ de covecteurs en question, noté dh, est défini par la formule

$$\mathrm{d}h_p(X_p) = X_p h$$

Ce champ de covecteurs est appelé *la différentielle de h*, tandis que sa valeur en p, $\mathrm{d}h_p$, est appelée *la différentielle de h en p*. Dans la situation où la variété est un sous-ensemble ouvert $U \subset \mathbb{R}$, le dual du repère mobile $\frac{\partial}{\partial x_1}, \ldots, \frac{\partial}{\partial x_n}$ est $\mathrm{d}x_1, \ldots, \mathrm{d}x_n$, car $\mathrm{d}x_i(\frac{\partial}{\partial x_j}) = \frac{\partial x_i}{\partial x_j} = \delta^i_j$, $1 \leq i, j \leq n$. En exprimant $\mathrm{d}h$ comme combinaison linéaire de cette base, nous avons :

$$\mathrm{d}h = \frac{\partial h}{\partial x_1}\mathrm{d}x_1 + \cdots + \frac{\partial h}{\partial x_n}\mathrm{d}x_n.$$

Il convient de rappeler à ce point que toute application C^∞ entre deux variétés $\tau\colon \mathcal{M} \to \mathcal{M}'$ détermine, pour tout $p \in \mathcal{M}$ une application linéaire $\tau_*\colon T_p(\mathcal{M}) \to T_{\tau(p)}(\mathcal{M}')$—il s'agit de l'application tangente. À son tour, cette application détermine de manière unique une application linéaire duale $\tau^*\colon T^*_{\tau(p)}(\mathcal{M}') \to T^*_p(\mathcal{M})$ par la formule $\tau^*(\mu_{\tau(p)})[X_p] = \mu_{\tau(p)}(\tau_*(X_p))$. On peut utiliser cette application pour associer à toute carte (U, ϕ) un corepère mobile. En fait, on peut facilement vérifier que le dual du repère mobile $\frac{\partial}{\partial \phi_1}, \ldots, \frac{\partial}{\partial \phi_n}$ défini par $\frac{\partial}{\partial \phi_i} = \phi_*^{-1}(\frac{\partial}{\partial x_i})$, $i = 1, \ldots, n$ est l'ensemble $\omega_1, \ldots, \omega_n$ défini par $\omega_j = \phi^*(\mathrm{d}x_j)$, $j = 1, \ldots, n$. En réalité, ce corepère mobile coïncide avec $\mathrm{d}\phi_1, \ldots, \mathrm{d}\phi_n$, l'ensemble des différentielles des composantes de l'application $\phi = \mathrm{col}(\phi_1, \ldots, \phi_n)$, car si l'on calcule les composantes de chaque $\mathrm{d}\phi_i$, $i = 1, \ldots, n$, dans la base $\omega_1, \ldots, \omega_n$, nous avons

$$\mathrm{d}\phi_i\left(\frac{\partial}{\partial \phi_j}\right) = \mathrm{d}\phi_i\left(\phi_*^{-1}\left(\frac{\partial}{\partial x_j}\right)\right) = \phi_*^{-1}\left(\frac{\partial}{\partial x_j}\right)[\phi_i] = \frac{\partial(\phi_i \circ \phi^{-1})}{\partial x_j} = \frac{\partial x_i}{\partial x_j} = \delta^i_j.$$

Formes

La différentielle d'une fonction C^∞ est un exemple de ce que l'on appelle en général un *champ de tenseurs*, et en particulier un *champ de tenseurs covariants alternés* (ou une *forme différentielle extérieure*, ou tout simplement une *forme*) sur une variété.

En général, étant donné un $\mathbb{R}$-espace vectoriel $\mathbb{V}$ de dimension n, un *tenseur sur* $\mathbb{V}$ est une application multilinéaire [2]

$$\underbrace{\mathbb{V} \times \cdots \times \mathbb{V}}_{r} \times \underbrace{\mathbb{V}^* \times \cdots \times \mathbb{V}^*}_{s} \to \mathbb{R}$$

où $r > 0$ et $s > 0$ représentent, respectivement, l'ordre *covariant* et l'ordre *contrevariant* du tenseur. L'ensemble de tous les tenseurs d'ordre (r,s) sur $\mathbb{V}$, noté dans ce qui suit $\mathcal{T}_s^r(\mathbb{V})$, possède la structure d'un espace vectoriel sur $\mathbb{R}$ dont la dimension est n^{rs}. Bien entendu, un tenseur covariant est un tenseur dont l'ordre contrevariant est nul.

On s'intéresse aux tenseurs covariants dans la situation où l'espace $\mathbb{V}$ est tangent à une variété différentiable. Un champ de tenseurs covariants d'ordre r de classe C^∞ sur $\mathcal{M}$ est une application μ qui associe à chaque $p \in \mathcal{M}$ un élément μ_p de $\mathcal{T}^r(T_p(\mathcal{M}))$ et qui possède la propriété suivante : pour tout r-tuplet $X_1, \ldots, X_r$ de champs de vecteurs de classe C^∞ sur $U \subset \mathcal{M}$, $\mu(X_1, \ldots, X_r)$ est une fonction C^∞ sur U, définie par $\mu(X_1, \ldots, X_r)[p] = \mu_p(X_{1p}, \ldots, X_{rp})$. On note $\mathcal{T}^r(\mathcal{M})$ l'ensemble de tous les champs de tenseurs covariants d'ordre r de classe C^∞ sur $\mathcal{M}$. Par convention, on définit $\mathcal{T}^0(\mathcal{M}) = C^\infty(\mathcal{M})$ (l'ensemble de toutes les fonctions de classe C^∞ définies sur $\mathcal{M}$).

Un champ de tenseurs covariants d'ordre r est dit *alterné* si pour tout r-tuplet $(X_1, \ldots, X_r)$ de champs de vecteurs et toute permutation σ sur les indices de ceux-ci de signature $\operatorname{sgn}\sigma$, nous avons $\mu(X_{\sigma(1)}, \ldots, X_{\sigma(r)}) = \operatorname{sgn}\sigma \cdot \mu(X_1, \ldots, X_r)$. Un champ de tenseurs covariants d'ordre r alterné est appelé aussi une *forme différentielle extérieure d'ordre* r (ou tout simplement une r-*forme*). L'ensemble de toutes les r-formes sur $\mathcal{M}$, noté $\Lambda^r(\mathcal{M})$ dans ce qui suit, est un sous-espace de $\mathcal{T}^r(\mathcal{M})$.

Une importante transformation linéaire sur l'espace $\mathcal{T}^r(\mathcal{M})$ est la *transformation alternée* $\mathcal{A}\colon \mathcal{T}^r(\mathcal{M}) \to \Lambda^r(\mathcal{M})$, définie par la formule :

$$(\mathcal{A}\mu)(X_1, \ldots, X_r) = \frac{1}{r!} \sum_{\sigma \in \operatorname{Perm}(r)} \operatorname{sgn}\sigma \cdot \mu(X_{\sigma(1)}, \ldots, X_{\sigma(r)})$$

---

2. Linéaire en chacune de ses variable quand toute les autres sont fixées.

Produit extérieur

On s'intéresse à la multiplication des tenseurs covariants sur un espace vectoriel V. Le *produit tensoriel* de deux tenseurs covariants $\mu \in \mathcal{T}^r(V)$ et $\nu \in \mathcal{T}^s(V)$, noté $\mu \otimes \nu$, est un tenseur covariant d'ordre $r+s$ défini par

$$\mu \otimes \nu(v_1, \ldots, v_r, v_{r+1}, \ldots, v_{r+s}) = \mu(v_1, \ldots, v_r) \cdot \nu(v_{r+1}, \ldots, v_{r+s}).$$

Dans les cas des champs de tenseurs covariants sur une variété $\mathcal{M}$, si $\mu \in \mathcal{T}^r(\mathcal{M})$ et $\nu \in \mathcal{T}^s(\mathcal{M})$, on définit $\mu \otimes \nu$ sur $\mathcal{M}$ par l'intermédiaire de la définition en chaque point : $(\mu \otimes \nu)_p$ est le tenseur $\mu_p \otimes \nu_p$ d'ordre $s+r$ sur $T_p(\mathcal{M})$. L'application $\mathcal{T}^r(\mathcal{M}) \times \mathcal{T}^s(\mathcal{M}) \to \mathcal{T}^{r+s}(\mathcal{M})$ qui correspond à ce produit est bilinéaire et associative. Notons que si $\omega_1, \ldots, \omega_n$ est une base de $\mathcal{T}^1(\mathcal{M})$ (ou un champ de corepères), alors tout élément de $\mathcal{T}^r(\mathcal{M})$ est combinaison linéaire de $\{\omega_{i_1} \otimes \cdots \otimes \omega_{i_r} : 1 \leq i_1, \ldots, i_r \leq n\}$ à coefficients C^∞.

Pourtant, si $\mu \in \Lambda^r(V)$ et $\nu \in \Lambda^s(V)$, leur produit tensoriel $\mu \otimes \nu$ n'est pas nécessairement dans $\Lambda^{r+s}(V)$. On définit alors pour les tenseurs covariants alternés une autre multiplication, en utilisant le fait que l'image de tout tenseur covariant par l'application alternée $\mathcal{A}$ est un tenseur covariant alterné : l'application $\Lambda^r(V) \times \Lambda^s(V) \to \Lambda^{r+s}(V)$, définie par

$$(\mu, \nu) \mapsto \frac{(r+s)!}{r!s!} \mathcal{A}(\mu \otimes \nu)$$

est appelée *le produit extérieur* de μ et ν, noté $\mu \wedge \nu$.

Sur une variété $\mathcal{M}$, si $\mu \in \Lambda^r(\mathcal{M})$ et $\nu \in \Lambda^s(\mathcal{M})$, la formule $(\mu \wedge \nu)_p = \mu_p \wedge \nu_p$ définit un produit associatif qui satisfait $\mu \wedge \nu = (-1)^{rs} \nu \wedge \mu$. Si $h \in C^\infty(\mathcal{M})$, nous avons $(h\mu) \wedge \nu = h(\mu \wedge \nu) = \mu \wedge (h\nu)$. Si $\omega_1, \ldots, \omega_n$ est un champ de corepères sur $\mathcal{M}$ (ou sur un sous-ensemble ouvert U de $\mathcal{M}$), alors l'ensemble $\{\omega_{i_1} \wedge \cdots \wedge \omega_{i_r} : 1 \leq i_1 < \cdots < i_r \leq n\}$ constitue une base de $\Lambda^r(\mathcal{M})$ (ou de $\Lambda^r(U)$). Une conséquence importante de ce dernier fait est que le produit extérieur peut s'utiliser pour vérifier si les éléments d'un ensemble de 1-formes sont linéairement indépendants. Plus précisément, si $\omega_1, \ldots, \omega_k$ sont des 1-formes sur $\mathcal{M}$, alors

$$\omega_1 \wedge \cdots \wedge \omega_k = 0$$

si et seulement si $\omega_1, \ldots, \omega_k$ sont linéairement dépendants.

Différenciation extérieure

Rappelons d'abord le fait que la différentielle $\mathrm{d}h$ d'une 0-forme h est une 1-forme, définie en chaque point par :

$$\mathrm{d}h_p(X_p) = X_p h.$$

En généralisant, on peut définir un opérateur $\mathrm{d}\colon \Lambda^k(\mathcal{M}) \to \Lambda^{k+1}(\mathcal{M})$, qui transforme une k-forme en une $(k+1)$-forme. Cet opérateur est désigné sous le nom de *différentielle extérieure*.

Soit (U, ϕ) une carte sur $\mathcal{M}$. On sait déjà que les différentielles $\mathrm{d}\phi_1, \ldots, \mathrm{d}\phi_n$ sont éléments linéairement indépendants de $\Lambda^1(U)$ et constituent un champ de corepères de classe C^∞ sur U. Par conséquent, toute k-forme μ de classe C^∞ sur U possède une représentation unique de la forme

$$\mu = \sum_{i_1 < \cdots < i_k} \alpha_{i_1,\ldots,i_k} \mathrm{d}\phi_{i_1} \wedge \cdots \wedge \mathrm{d}\phi_{i_k}, \qquad \alpha_{i_1,\ldots,i_k} \in C^\infty(U),$$

où la somme se fait sur tous les jeux d'indices tels que $1 \leq i_1 < \cdots < i_k \leq n$. La $(k+1)$-forme $\mathrm{d}\mu$ est alors donnée par la formule

$$\mathrm{d}\mu = \sum_{i_1 < \cdots < i_k} \mathrm{d}\alpha_{i_1,\ldots,i_k} \wedge \mathrm{d}\phi_{i_1} \wedge \cdots \wedge \mathrm{d}\phi_{i_k}.$$

Cependant, chaque $\alpha_{i_1,\ldots,i_k}$ est une 0-forme dont on sait que la différentielle est donnée par

$$\mathrm{d}\alpha_{i_1,\ldots,i_k} = \sum_{j=1}^n \frac{\partial \alpha_{i_1,\ldots,i_k}}{\partial \phi_j} \mathrm{d}\phi_j,$$

donc

$$\mathrm{d}\mu = \sum_{i_1 < \cdots < i_k} \sum_{j=1}^n \frac{\partial \alpha_{i_1,\ldots,i_k}}{\partial \phi_j} \mathrm{d}\phi_j \wedge \mathrm{d}\phi_{i_1} \wedge \cdots \wedge \mathrm{d}\phi_{i_k}.$$

Une k-forme μ avec $k > 0$ est dite *exacte* s'il existe une $(k-1)$-forme ν telle que $\mu = \mathrm{d}\nu$.

B Équations différentielles linéaires

Soit le système linéaire variable dans le temps

$$\dot{x}(t) = A(t)x(t), \quad x(t_0) = x_0, \tag{B.1}$$

où A(t) est une matrice $n \times n$ de fonctions bornées. L'équation (B.1) admet une solution unique, de la forme

$$x(t) = \Phi(t, t_0)x_0,$$

où $\Phi(t, t_0) \in \mathbb{R}^{n \times n}$ est la solution à l'instant t de l'équation différentielle matricielle

$$\dot{X}(t) = A(t)X(t), \quad X(t_0) = X_0 = I_n. \tag{B.2}$$

La matrice Φ est appelée la *matrice de transition* du système (B.1). Elle est utilisée aussi pour exprimer la solution des systèmes de la forme plus générale

$$\dot{x}(t) = A(t)x(t) + b(t), \quad x(t_0) = x_0,$$

où $b(t)$ est un vecteur composé de fonctions intégrables. Nous avons

$$x(t) = \Phi(t, t_0)x_0 + \int_{t_0}^{t} \Phi(t, \tau)b(\tau)\mathrm{d}\tau.$$

Les propriétés de la matrice de transition

1. $\frac{\partial}{\partial t}\Phi(t, t_0) = A(t)\Phi(t, t_0)$;
2. Pour tout t, $\Phi(t, t) = I_n$;
3. Si $t \geq t_1 \geq t_0$, $\Phi(t, t_0) = \Phi(t, t_1)\Phi(t_1, t_0)$;
4. $\Phi(t, t_0)^{-1} = \Phi(t_0, t)$;
5. $\frac{\partial}{\partial t}\Phi(t_0, t) = -\Phi(t_0, t)A(t)$.

La formule Peano-Baker

Pour donner $\Phi(t, t_0)$ explicitement en fonction de $A(t)$, on considère l'opérateur $\mathcal{P}$ défini par

$$(\mathcal{P}X)(t) = X_0 + \int_{t_0}^{t} A(\tau)X(\tau)\mathrm{d}\tau$$

et on utilise la construction dite *de Picard*,

$$X_0(t) = X_0$$
$$X_{k+1}(t) = X_0 + \int_{t_0}^{t} A(\tau)X_k(\tau)\mathrm{d}\tau,$$

pour trouver le point fixe de cet opérateur (et implicitement la solution de (B.2)).

Puisque $A(t)$ est borné, si l'on pose $X_0 = I_n$ on obtient une série convergente, dite *la série Peano-Baker*. Plus précisément, nous avons

$$\begin{aligned}\Phi(t,t_0) =& I_n + \int_{t_0}^{t} A(\tau_1)\mathrm{d}\tau_1 + \int_{t_0}^{t} A(\tau_1) \int_{t_0}^{\tau_1} A(\tau_2)\mathrm{d}\tau_2\mathrm{d}\tau_1 + \cdots \\ & + \int_{t_0}^{t} A(\tau_1) \int_{t_0}^{\tau_1} A(\tau_2) \cdots \int_{t_0}^{\tau_{k-1}} A(\tau_k)\mathrm{d}\tau_k \cdots \mathrm{d}\tau_1 + \cdots\end{aligned}$$

Dans la situation où $A(t) = A =$ constante, la série dévient

$$\begin{aligned}\Phi(t, t_0) &= I_n + (t-t_0)A + \frac{(t-t_0)^2}{2}A^2 + \cdots + \frac{(t-t_0)^k}{k!}A^k + \cdots \\ &= \mathrm{e}^{(t-t_0)A}.\end{aligned}$$

Bibliographie

AKATSU, K. et KAWAMURA, A. (2000), « Sensorless very low-speed and zero-speed estimations with online rotor resistance estimation of induction motor without signal injection », *IEEE Transactions on Industry Applications* **36**(3), 764–771.

AKHRIF, O., OKOU, F. A., DESSAINT, L. A. et CHAMPAGNE, R. (1999), « Application of a multivariable feedback linearization scheme for rotor angle stability and voltage regulation of power systems », *IEEE Transactions on Power Systems* **14**(2), 620–628.

ALAMIR, M. (2002), « Sensitivity analysis in simultaneous state/parameter estimation for induction motors », *International Journal of Control* **75**(10), 753–758.

ALONGE, F., D'IPPOLITO, F. et RAIMONDI, F. M. (2001), « Least squares and genetic algorithms for parameter identification of induction motors », *Control Engineering Practice* **9**(6), 647–657.

ATKINSON, D. J., ACARNLEY, P. P. et FINCH, J. W. (1991), « Observers for induction motor state and parameter estimation », *IEEE Transactions on Industry Applications* **27**(6), 1119–1127.

ATTIA, S.-A. (2005), Sur la Commande des Systèmes Non Linéaires à Dynamique Hybride, Thèse de doctorat, Institut National Polytechnique de Grenoble.

BACK, J. et SEO, J. H. (2004), « Immersion of nonlinear systems into linear systems up to output injection: characteristic equation approach », *International Journal of Control* **77**(8), 723–734.

BANASZUK, A. et SLUIS, W. M. (1997), On nonlinear observers with approximately linear error dynamics, dans « Proceedings of the 1997 American Control Conference », p. 3460–3464.

BELLINI, A., FIGALLI, G. et ULIVI, G. (1988), « Analysis and design of a micro-computer-based observer for an induction machine », Automatica **24**(4), 549–555.

BESANÇON, G. (1996), Contributions à l'Étude et à l'Observation des Systèmes Non Linéaires avec Recours au Calcul Formel, Thèse de doctorat, Institut National Polytechnique de Grenoble.

BESANÇON, G. (1999a), Further results on high gain observer for nonlinear systems, dans « Proceedings of the 38th IEEE Conference on Decision and Control », p. 2904–2909.

BESANÇON, G. (1999b), A viewpoint on observability and observer design for nonlinear systems, dans « New Directions in Nonlinear Observer Design », éd. par H. NIJMEIJER et T. I. FOSSEN, vol. 244 de Lecture Notes in Control and Information Sciences, Springer-Verlag, p. 3–22.

BESANÇON, G. (2001), On-line full state and parameter estimation in induction motors and application in control and monitoring, dans « Proceedings of the 2001 European Control Conference ».

BESANÇON, G., BESANÇON-VODĂ, A. et BORNARD, G. (2001), A note on identifiability of induction motors, dans « Proceedings of the 2001 European Control Conference ».

BESANÇON, G. et BORNARD, G. (1997), On characterizing classes of observer forms for nonlinear systems, dans « Proceedings of the 1997 European Control Conference ».

BESANÇON, G., DE LEON MORALES, J. et HUERTA GUEVARA, O. (2006), « On adaptive observers for state affine systems », International Journal of Control **79**(6), 581–591.

BESANÇON, G. et HAMMOURI, H. (1996), « On uniform observation of nonuniformly observable systems », Systems and Control Letters **29**(1), 9–19.

BESANÇON, G. et ȚICLEA, A. (2003), Simultaneous state and parameter estimation in asynchronous motors under sensorless speed control, dans « Proceedings of the 2003 European Control Conference ».

BOOTHBY, W. M. (2003), *An Introduction to Differentiable Manifolds and Riemannian Geometry*, $2^{\text{ème}}$ édn., Academic Press.

BORNARD, G., CELLE-COUENNE, F. et GILLES, G. (1993), Observabilité et observateurs, dans « Systèmes Non Linéaires », éd. par A. J. FOSSARD et D. NORMAND-CYROT, vol. 1. Modélisation - Estimation, Masson, p. 177–221.

BORNARD, G., COUENNE, N. et CELLE, F. (1988), Regularly persistent observers for bilinear systems, dans « New Trends in Nonlinear Control Theory », éd. par J. DESCUSSE, M. FLIESS, A. ISIDORI et D. LEBORGNE, vol. 122 de *Lecture Notes in Control and Information Sciences*, Springer-Verlag.

BORNARD, G. et HAMMOURI, H. (1991), A high gain observer for a class of uniformly observable systems, dans « Proceedings of the 30th IEEE Conference on Decision and Control », p. 1494–1496.

BORNARD, G. et HAMMOURI, H. (2002), A graph approach to uniform observability of nonlinear multi output systems, dans « Proceedings of the 41st IEEE Conference on Decision and Control », p. 701–706.

BORNARD, G., THOMAS, J.-L. et POULLAIN, S. (2000), Commande par cycles limites contrôlés sous contraintes fréquentielles, dans « Commande des moteurs asynchrones », éd. par C. CANUDAS DE WIT, vol. 1. Modélisation, Contrôle Vectoriel et DTC, Hermès, p. 217–258.

BØRSTING, H., KNUDSEN, M., RASNUSSEN, H. et VADSTRUP, P. (1994), Estimation of physical parameters in induction motors, dans « Proceedings of the 10th IFAC Symposium on System Identification », vol. 2, p. 553–558.

BOSSANE, D., RAKOTOPARA, D. et GAUTHIER, J. P. (1989), Local and global immersion into linear systems up to output injection, dans « Proceedings of the 28th Conference on Decision and Control », p. 2000–2004.

Busawon, K. et de Leon Morales, J. (2000), « An observer design for uniformly observable non linear systems », *International Journal of Control* **73**(15), 1375–1381.

Busawon, K., Farza, M. et Hammouri, H. (1998a), « Observer design for a special class of nonlinear systems », *International Journal of Control* **71**(3), 405–418.

Busawon, K., Farza, M. et Hammouri, H. (1998b), « A simple observer for a class of nonlinear systems », *Applied Mathematics Letters* **11**(3), 27–31.

Busawon, K. et Saif, M. (1999), « A state observer for nonlinear systems », *IEEE Transactions on Automatic Control* **44**(11), 2098–2103.

Canudas de Wit, C., éd. (2000), *Commande des Moteurs Asynchrones*, Hermès.

Canudas de Wit, C., Youssef, A., Barbot, J., Martin, P. et Malrait, F. (2000), Observability conditions of induction motors at low frequencies, *dans* « Proceedings of the 39th IEEE Conference on Decision and Control », p. 2044–2049.

Capolino, G. A. et Du, B. (1991), Extended Kalman observer for induction machine rotor currents, *dans* « Proceedings of the 4th European Conference on Power Electronics and Applications », vol. 3, p. 672–677.

Castaldi, P., Geri, W., Montanari, M. et Tilli, A. (2005), « A new adaptive approach for on-line parameter and state estimation of induction motors », *Control Engineering Practice* **13**(1), 81–94.

Chatelain, J. (1990), *Machines Électriques*, n° 10 *dans* « Traité d'Électricité, d'Électronique et d'Électrotechnique », 2ème édn., Presses Polytechniques Romandes.

Claude, D., Fliess, M. et Isidori, A. (1983), « Immersion, directe et par bouclage, d'un système non linéaire dans un linéaire », *Comptes Rendus des Séances de l'Académie de Sciences de Paris. Série 1, Mathématique* **296**(4), 237–240.

COUENNE, N. (1990), Synthèse d'Observateurs de Systèmes Affines en l'État, Thèse de doctorat, Institut National Polytechnique de Grenoble.

DELL'AQUILA, A., LOVECCHIO, F. S., SALVATORE, L. et STASI, S. (1991), Induction motor parameter estimation via EKF, dans « Proceedings of the 4th European Conference on Power Electronics and Applications », vol. 3, p. 543–552.

DE MELLO, F. P. (1994), « Measurement of synchronous machine rotor angle from analysis of zero sequence harmonic components of machine terminal voltage », *IEEE Transactions on Power Delivery* **9**(4), 1770–1777.

DE SOUZA RIBEIRO, L. A., BRANDÃO JACOBINA, C., NOGUEIRA LIMA, A. M. et CUNHA OLIVEIRA, A. (2000), « Real-time estimation of the electric parameters of an induction machine using sinusoidal PWM voltage waveforms », *IEEE Transactions on Industry Applications* **36**(3), 743–754.

DEZA, F., BOSSANE, D., BUSVELLE, E., GAUTHIER, J. P. et RAKOTOPARA, D. (1993), « Exponential observers for nonlinear systems », *IEEE Transactions on Automatic Control* **38**(3), 482–484.

DUFOUR, P., FLILA, S. et HAMMOURI, H. (2012), « Observer design for MIMO non-uniformly observable systems », *IEEE Transactions on Automatic Control* **57**(2), 511–516.

EL MOUCARY, C., GARCIA SOTO, G. et MENDES, E. (1999), Robust rotor flux, rotor resistance and speed estimation of an induction machine using the extended Kalman filter, dans « Proceedings of the 1999 IEEE International Symposium on Industrial Electronics », vol. 2, p. 742–748.

EL YAAGOUBI, E. H., EL ASSOUDI, A. et HAMMOURI, H. (2004), High gain observer: attenuation of the peak phenomena, dans « Proceedings of the 2004 American Control Conference », p. 4393–4397.

FLIESS, M. (1981), « Fonctionnelles causales non linéaires et indéterminées non commutatives », *Bulletin de la Société Mathématique de France* **109**, 3–40.

FLIESS, M. (1982), Finite-dimensional observation-spaces for nonlinear systems, dans « Feedback Control of Linear and Nonlinear Systems », éd. par

D. HINRICHSEN et A. ISIDORI, vol. 39 de *Lecture Notes in Control and Information Sciences*, Springer-Verlag, p. 73–77.

FLIESS, M. et KUPKA, I. (1983), « A finiteness criterion for nonlinear input-output differential systems », *SIAM Journal of Control and Optimization* **2**1(5), 721–728.

GAUTHIER, J. P. et BORNARD, G. (1981), « Observability for any $u(t)$ of a class of nonlinear systems », *IEEE Transactions on Automatic Control* **26**(4), 922–926.

GAUTHIER, J. P., HAMMOURI, H. et OTHMAN, S. (1992), « A simple observer for nonlinear systems — applications to bioreactors », *IEEE Transactions on Automatic Control* **37**(6), 875–880.

GAUTHIER, J. P. et KUPKA, I. A. K. (1994), « Observability and observers for nonlinear systems », *SIAM Journal on Control and Optimization* **32**(4), 975–994.

GHANES, M., DE LEON MORALES, J. et GLUMINEAU, A. (2005), Experimental results of a cascade observer for sensorless induction motor on low frequencies benchmark, *dans* « Preprints of the 16th IFAC World Congress ».

GHANES, M., DE LEON MORALES, J. et GLUMINEAU, A. (2006), Design and experimental validation of interconnected observers for sensorless induction motor on low frequencies benchmark, *dans* « Proceedings of the 2006 American Control Conference », Minneapolis, Minnesota, USA, p. 1074–1079.

GHANES, M., HUERTA GUEVARA, O., DE LEON MORALES, J. et GLUMINEAU, A. (2004), Validation of an interconnected high gain observer for sensorless induction motor on low frequencies benchmark: application to an experimental set-up, *dans* « Preprints of the 2nd Symposium on System, Structure and Control ».

GORTER, R. J. A., VAN DEN BOSCH, P. P. J. et WEILAND, S. (1995), Simultaneous estimation of induction machine parameters and velocity, *dans* « Proceedings of the IEEE 26th Annual Power Electronics Specialists Conference », p. 1295–1301.

GUAY, M. (2001), Observer linearization by output diffeomorphism and output-dendent time-scale transformations, *dans* « Proceedings of the 5th IFAC Symposium on Nonlinear Control Systems ».

GUO, G., WANG, Y. et HILL, D. J. (2000), « Nonlinear output stabilization control for multimachine power systems », *IEEE Transactions on Circuits and Systems I* **47**(1), 46–53.

GUO, Y., HILL, D. J. et WANG, Y. (2001), « Global transient stability and voltage regulation for power systems », *IEEE Transactions on Power Systems* **16**(4), 678–688.

HA, J. I. et SUL, S. K. (1999), « Sensorless field-orientation of an induction machine by high-frequency signal injection », *IEEE Transactions on Industry Applications* **35**(1), 45–51.

HAMMOURI, H. et CELLE, F. (1991), Some results about nonlinear systems equivalence for the observer synthesis, *dans* « New Trends in Systems Theory », éd. par G. CONTE, A. M. PERDON et B. WYMAN, vol. 7 de *Progress in Systems and Control Theory*, Birkhäuser, p. 332–339.

HAMMOURI, H. et DE LEON MORALES, J. (1991), On systems equivalence and observer synthesis, *dans* « New Trends in Systems Theory », éd. par G. CONTE, A. M. PERDON et B. WYMAN, vol. 7 de *Progress in Systems and Control Theory*, Birkhäuser, p. 340–347.

HAMMOURI, H. et FARZA, M. (2003), « Nonlinear observers for locally uniformly observable systems », *ESAIM : Control, Optimisation and Calculus of Variations* **9**, 353–370.

HAMMOURI, H., TARGUI, B. et ARMANET, F. (2002), « High gain observer based on a triangular structure », *International Journal of Robust and Nonlinear Control* **12**(6), 497–518.

HERMANN, R. et KRENER, A. J. (1977), « Nonlinear controllability and observability », *IEEE Transactions on Automatic Control* **22**(5), 728–740.

HILAIRET, M., AUGER, F. et DARENGOSSE, C. (2000), Two efficient Kalman filters for flux and velocity estimation of induction motors, *dans* « Proceedings of the IEEE 31st Annual Power Electronics Specialists Conference », vol. 2, p. 891–897.

HOLTZ, J. et QUAN, J. (2002), « Sensorless vector control of induction motors at very low speed using a nonlinear inverter model and parameter identification », *IEEE Transactions on Industry Applications* **3**8(4), 1087–1095.

HOU, M., BUSAWON, K. et SAIF, M. (2000), « Observer design based on triangular form generated by injective map », *IEEE Transactions on Automatic Control* **4**5(7), 1350–1355.

IBARRA ROJAS, S., MORENO, J. et ESPINOSA PÉREZ, G. (2004), « Global observability analysis of sensorless induction motors », *Automatica* **4**0(6), 1079–1085.

ILIĆ, M. et ZABORSZKY, J. (2000), *Dynamics and Control of Large Electric Power Systems*, John Wiley & Sons, Inc.

ISIDORI, A. (1995), *Nonlinear Control Systems*, Communications and Control Engineering, 3ème édn., Springer-Verlag.

JAIN, S., KHORRAMI, F. et FARDANESH, B. (1994), « Adaptive nonlinear excitation control of power systems with unknown interconnections », *IEEE Transactions on Control Systems Technology* **2**(4), 436–446.

JIANG, L., WU, Q. H., WANG, J., ZHANG, C. et ZHOU, X. X. (2001), « Robust observer-based nonlinear control of multimachine power systems », *IEE Proceedings — Generation, Transmission and Distribution* **1**48(6), 623–631.

JOUAN, P. (2003), « Immersion of nonlinear systems into linear systems modulo output injection », *SIAM Journal on Control and Optimization* **4**1(6), 1756–1778.

KALMAN, R. E. (1960), « Contributions to the theory of optimal control », *Boletín de la Sociedad Matemática Mexicana* **5**(1), 102–119.

KALMAN, R. E. et BUCY, R. S. (1961), « New results in linear filtering and prediction theory », *Journal of Basic Engineering* **83**(3), 95–108.

KARLSSON, D. et HILL, D. J. (1994), « Modelling and identification of nonlinear dynamic loads in power systems », *IEEE Transactions on Power Systems* **9**(1), 157–163.

KELLER, H. (1987), « Nonlinear observer by transformation into a generalized observer canonical form », *International Journal of Control* **46**(6), 1915–1930.

KIM, Y.-R., SUL, S.-K. et PARK, M.-H. (1994), « Speed sensorless vector control of induction motor using extended Kalman filter », *IEEE Transactions on Industry Applications* **30**(5), 1225–1233.

KING, C. A., CHAPMAN, J. W. et ILIĆ, M. D. (1994), « Feedback linearizing excitation control on a full-scale power system model », *IEEE Transactions on Power Systems* **9**(2), 1102–1109.

KNYAZKIN, V., CAÑIZARES, C. et SÖDER, L. (2004), « On the parameter estimation and modeling of aggregate power system loads », *IEEE Transactions on Power Systems* **19**(2), 1023–1031.

KRENER, A. J. et ISIDORI, A. (1983), « Linearization by output injection and nonlinear observers », *Systems and Control Letters* **3**(1), 47–52.

KRENER, A. J. et RESPONDEK, W. (1985), « Nonlinear observers with linearizable error dynamics », *SIAM Journal on Control and Optimization* **23**(2), 197–216.

KUNDUR, P. (1994), *Power System Stability and Control*, McGraw-Hill, Inc.

LABRIQUE, F., SEGUIER, G. et BAUSIÈRE, R. (1995), *Les Convertiseurs de l'Électronique de Puissance*, vol. 4. La Conversion Continu - Alternatif, $2^{\text{ème}}$ édn., Lavoisier TEC & DOC.

LEONHARD, W. (1996), *Control of Electrical Drives*, $2^{\text{ème}}$ édn., Springer-Verlag.

LEVINE, J. et MARINO, R. (1986), « Nonlinear system immersion, observers and finite-dimensional filters », *Systems and Control Letters* **7**(2), 133–142.

LUENBERGER, D. G. (1964), « Observing the state of a linear system », *IEEE Transactions on Military Electronics* **8**, 74–80.

LYNCH, A. F. et BORTOFF, S. A. (1997), « Nonlinear observer design by approximate error linearization », *Systems and Control Letters* **32**(3), 161–172.

MAK, F. K. (1992), Design of nonlinear generator exciters using differential geometric control theories, *dans* « Proceedings of the 31st IEEE Conference on Decision and Control », p. 1149–1153.

MARINO, R. (1984), « An example of nonlinear regulator », *IEEE Transactions on Automatic Control* **29**(3), 276–279.

MARINO, R., PERESADA, S. et TOMEI, P. (2000), « On-line stator and rotor resistance estimation for induction motors », *IEEE Transactions on Control Systems Technology* **8**(3), 570–579.

MARINO, R., TOMEI, P. et VERRELLI, C. M. (2004), « A global tracking control for speed-sensorless induction motors », *Automatica* **40**(6), 1071–1077.

MARTIN, P. et ROUCHON, P. (2000), « Two simple flux observers for induction motors », *International Journal of Adaptive Control and Signal Processing* **14**(2), 171–175.

MIELCZARSKI, W. et ZAJACZKOWSKI, A. M. (1994), « Nonlinear field voltage control of a synchronous generator using feedback linearization », *Automatica* **30**(10), 1625–1630.

MONTANARI, M., PERESADA, S. et TILLI, A. (2003), Sensorless control of induction motors with exponential stability property, *dans* « Proceedings of the 2003 European Control Conference ».

MONTANARI, M., PERESADA, S. et TILLI, A. (2006), « A speed-sensorless indirect field-oriented control for induction motors based on high gain speed estimation », *Automatica* **42**(10), 1637–1650.

MUELLER, K. (1999), Efficient t_r estimation in field coordinates for induction motors, dans « Proceedings of the 1999 IEEE International Symposium on Industrial Electronics », vol. 2, p. 735–741.

ORTEGA, R. et ESPINOSA, G. (1991), Passivity properties of induction motors: application to flux observer design, dans « Conference record of the 1991 IEEE Industry Applications Society Annual Meeting », p. 65–71.

PAVLOV, A. V. et ZAREMBA, A. T. (2001), Real-time rotor and stator resistances estimation of an induction motor, dans « Proceedings of the 5th IFAC Symposium on Nonlinear Control Systems ».

RESPONDEK, W., POGROMSKY, A. et NIJMEIJER, H. (2003), « Time scaling for observer design with linearizable error dynamics », *Automatica* 40(2), 277–285.

ROOSTA, A.-R. (2003), Contribution à la commande décentralisée non-linéaire des réseaux électriques, Thèse de doctorat, Institut National Polytechnique de Grenoble.

ROOSTA, A. R., GEORGES, D. et HADJ-SAID, N. (2001), Nonlinear control for power systems based on a backstepping method, dans « Proceedings of the 40th IEEE Conference on Decision and Control », p. 3037–3042.

SALVATORE, L., STASI, S. et TARCHIONI, L. (1993), « A new EKF-based algorithm for flux estimation in induction machines », *IEEE Transactions on Industrial Electronics* 40(5), 496–504.

SOULEIMAN, I., GLUMINEAU, A. et SHREIER, G. (2003), « Direct transformation of nonlinear systems into state affine MISO form for observer design », *IEEE Transactions on Automatic Control* 48(12), 2191–2196.

SPIVAK, M. (1979), *A Comprehensive Introduction to Differential Geometry*, vol. 1, 2ème édn., Publish or Perish, Inc.

STEPHAN, J., BODSON, M. et CHIASSON, J. (1994), « Real-time estimation of the parameters and fluxes of induction motors », *IEEE Transactions on Industry Applications* 30(3), 746–759.

SUSSMAN, H. J. (1975), « A generalization of the closed subgroup theorem to quotients of arbitrary manifolds », *Journal of Differential Geometry* **10**, 151–166.

TARGUI, B., FARZA, M. et HAMMOURI, H. (2002), « Constant-gain observer for a class of multi-output nonlinear systems », *Applied Mathematics Letters* **15**(6), 709–720.

ȚICLEA, A. et BESANÇON, G. (2008), On the state and parameter simultaneous estimation problem in induction motors, *dans* « Proceedings of the 17th IFAC World Congress », Séoul, République de Corée, p. 11184–11189.

ȚICLEA, A. et BESANÇON, G. (2012), Adaptive observer for discrete time state affine systems, *dans* « Proceedings of the 18th IFAC Symposium on System Identification », Bruxelles, Belgique, p. 1245–1250.

ȚICLEA, A. et BESANÇON, G. (2013), « Exponential forgetting factor observer in discrete time », *Systems and Control Letters* **62**(9), 756–763.

VAN LOAN, C. F. (1978), « Computing integrals involving the matrix exponential », *IEEE Transactions on Automatic Control* **23**(3), 395–404.

VAS, P. (1998), *Sensorless Vector and Direct Torque Control*, Oxford University Press.

VENKATASUBRAMANIAN, V. et KAVASSERI, R. G. (2004), Direct computation of generator internal dynamic states from terminal measurements, *dans* « Proceedings of the 37th Hawaii International Conference on System Sciences ».

VERGHESE, G. C. et SANDERS, S. R. (1988), « Observers for flux estimation in induction machines », *IEEE Transactions on Industrial Electronics* **35**(1), 85–94.

VON RAUMER, T. (1994), Commande adaptative non linéaire de machine asynchrone, Thèse de doctorat, Institut National Polytechnique de Grenoble.

WANG, Y., HILL, D. J., GAO, L. et MIDDLETON, R. H. (1993), « Transient stability enhancement and voltage regulation of power systems », *IEEE Transactions on Power Systems* **8**(2), 620–627.

WONHAM, W. M. (1985), *Linear Multivariable Control — A Geometric Approach*, 3ème édn., Springer-Verlag.

ZAI, L. C., DE MARCO, C. L. et LIPO, T. A. (1992), « An extended Kalman filter approach to rotor time constant measurement in PWM induction motor drives », *IEEE Transactions on Industry Applications* **2**8(1), 96–104.

ZAMORA, J. L. et GARCÍA CERRADA, A. (2000), « Online estimation of the stator parameters in an induction motor using only voltage and current measurements », *IEEE Transactions on Industry Applications* **3**6(3), 805–816.

ZHANG, Q. (2002), « Adaptive observer for Multiple-Input–Multiple-Output (MIMO) linear time-varying systems », *IEEE Transactions on Automatic Control* **4**7(3), 525–529.

Oui, je veux morebooks!

i want morebooks!

Buy your books fast and straightforward online - at one of world's fastest growing online book stores! Environmentally sound due to Print-on-Demand technologies.

Buy your books online at
www.get-morebooks.com

Achetez vos livres en ligne, vite et bien, sur l'une des librairies en ligne les plus performantes au monde!
En protégeant nos ressources et notre environnement grâce à l'impression à la demande.

La librairie en ligne pour acheter plus vite
www.morebooks.fr

VDM Verlagsservicegesellschaft mbH
Heinrich-Böcking-Str. 6-8   Telefon: +49 681 3720 174   info@vdm-vsg.de
D - 66121 Saarbrücken   Telefax: +49 681 3720 1749   www.vdm-vsg.de

MIX
Papier aus verantwortungsvollen Quellen
Paper from responsible sources
FSC® C105338

Printed by Books on Demand GmbH, Norderstedt / Germany